Errors favor intelligent beings
爱犯错的智能体

张军平 著

清华大学出版社

北京

图书在版编目（CIP）数据

爱犯错的智能体 / 张军平著. —北京：清华大学出版社，2019（2023.7 重印）
ISBN 978-7-302-53042-8

Ⅰ.①爱… Ⅱ.①张… Ⅲ.①人工智能-普及读物 Ⅳ.①TP18-49

中国版本图书馆CIP数据核字（2019）第094449号

责任编辑：胡洪涛　王　华
封面设计：徐腾赫
责任校对：赵丽敏
责任印制：朱雨萌

出版发行：清华大学出版社
   网　　址：http://www.tup.com.cn, http://www.wqbook.com
   地　　址：北京清华大学学研大厦A座　　邮　　编：100084
   社 总 机：010-83470000　　　　　　　　邮　　购：010-62786544
   投稿与读者服务：010-62776969, c-service@tup.tsinghua.edu.cn
   质量反馈：010-62772015, zhiliang@tup.tsinghua.edu.cn
印 装 者：三河市龙大印装有限公司
经　　销：全国新华书店
开　　本：145mm×210mm　　印　　张：7.75　　字　　数：197千字
版　　次：2019年7月第1版　　印　　次：2023年7月第5次印刷
定　　价：55.00元

产品编号：082524-01

智能体和程序体的对话

我在科学网上第一次看到张军平教授写的系列文章《爱犯错的智能体》时，我还以为这里"智能体"指的是人工智能理论或编程中提到的专业名词 agent。但当我仔细读其内容时，特别是在从头浏览其内容时，才发现这里的智能体主要指的是人，尤其是生物学上的人。作者说的没有错，人确实易犯错误。书中从分析生物人的感知功能谈起，以生动的例子介绍了人的视觉、听觉、触觉和体觉的相关知识及其基本原理。之后又进入人的感情世界，从人的情感、回忆、梦境，一直谈到灵感和错觉。在这个过程中，作者又适时讨论计算机在处理人的感知世界时会遇到的麻烦及处理原则，甚至还不忘介绍一下讨论对象的数学背景。高斯、黎曼、莱布尼茨、庞加莱、爱因斯坦、图灵等大师级人物的名字频频出现。作者不费力地游弋于生命、计算机、数学、物理等几大学科之间，让读者经历一次目不暇接的跨学科科学旅游。再加上一个个有趣的故事，还有诗，画，歌，甚至还有乡愁！以这样的方式来做科普，我还是第一次读到，感觉很新鲜、很解惑，又易于接受。

本书的主角是被称作"智能体"的人，暂时称之为人智能体。人是万物之灵，却也不能避免犯错误，"人非圣贤，孰能无过？"。作者为何用一整本书来讨论这类问题呢？看来除了分析人的感知和认知功能本身外，作者还试图用人智能体犯的错误来考核另外一个智能体，即机器智能体，简称程序体。如果后者遇到了同样的问题，它能避免犯错吗？人智能体犯错误一般有客观和主观两方面的原因。客观原因可能是面临复杂的环境，包括对手的蓄意欺骗，主观原因则往往可以归结为经验不足或经验有偏差。为什么会把美女看成老太太呢？因为不知道看一幅画可以从多个角度看。为什么会对隐藏在背景中的目标物视而不见呢？因为没有想到画中还会有画。一个正常的人会吃一堑，长一智，变得越来越聪明。这是什么？这就是人智能体积累的经验，以及从经验中提取的理性认识。对此，程序体有一个很好的工具——贝叶斯理论。犯错误好比一个结论不当的贝叶斯推理，说明不是先验有问题，就是驱动先验的似然有问题。一个有丰富先验和可靠选择机制的程序体就不大会犯类似的错误。所以人智能体在感到困惑的时候不妨咨询一下程序体。

把贝叶斯模型比喻为人智能体的经验有一个问题，就是程序体编写的贝叶斯模型都是针对有限前提的，即它只在程序体为它设定的某一类特定环境有效，而人智能体则以它的全部生活和终身经历为其经验支撑。试问程序体能够构造出这样的贝叶斯模型来吗？这可能就是程序体不及人智能体的地方吧。不过贝叶斯理论至今仍是一个活跃的研究领域。随着研究者们向它提出的问题越来越难，要求越来越苛刻，程序体也在一步步赶上来，更深刻的理论和技术不断诞生。2006年有人提出了结构化先验的概念，力图把程序体中贝叶斯先验涉及的众多概念按人智能体的认知结构组织起来。先验不再局限于某个有限的图结构，而可以是一个时间上无穷的随机过程。更进一步，复旦大学的李斌提出了可学习先验的思想，直接挑战原本属于人智能体的"活到老，学到老"概念。

当然教益还不止这一点。人智能体可以请教程序体的地方还很多。例如我们可以再讨论一下人智能体对隐藏在背景中的目标物视而不见的问题。这次我们考察那条斑点狗。公正地说，斑点狗之所以未能被发现，是因为组成斑点狗的那些斑点是一个离散集合，它们没有连成线条，并且与其他斑点混杂在一起。结果，本来是"庞然大物"（相对于该图像）的斑点狗消失在斑点之中。这是什么问题？这是知识表示粒度的问题。大粒度的一条狗用稀疏的小粒度斑点表示，当然就看不见了。若问程序体这个问题该怎么办？程序体可能回答："你怎么不用粒度计算呀？"正如张钹院士指出的："人类智能的一个公认的特点，就是人们能从极不相同的粒度上观察和分析同一问题。人们不仅能在不同粒度的世界上进行问题的求解，而且能够很快地从一个粒度世界调到另一个粒度世界，往返自如，毫无困难。"粒度计算，这个当年扎德（Zadeh）开辟的新领域，如今已经成为人工智能研究者乐此不疲的探索地。适当地调整计算的粒度，或者灵巧地处理大、小粒度之间的互动，也许可以让那只隐藏在斑点中的狗露出原形。

我们再看看本书中所说的视觉自举原理。动物的眼睛在差异巨大的光强变化之间能够迅速自我调整以适应多变的外来光。我原来一直以为人和猫的眼睛在光强变化下的自适应原理是一样的。感谢本书作者指出这两者之间的区别，使我增加了知识。书中也提到了光强的瞬间变化对交通安全的影响。这个问题可能和粒度计算有关，也可能和贝叶斯先验有关。但无论是粒度计算或贝叶斯先验都无法解决它，因为这不是一个简单的光强调度问题或光强转化问题，而是人智能体同时面对强光和弱光，甚至还有微光时的应对问题。试想，面对漆黑的夜晚里忽然出现的一辆开着远光灯的大卡车，你还能看清楚一只萤火虫吗？幸好，类似的问题计算数学家们早就想到了。有一门学问叫多尺度计算，就是为解决此类问题而诞生的。这对程序体是个好消息。在传统计算中有时会同时出现极大的数（如几百亿）和极小的数（如几百亿分之一）。如按常规方法则在计算进行时不是前者造成溢出，便是后者被按忽略不计处理。如何使量级差异巨大的数能够恰当地同时处理，这是多尺度计算要解决的难题。当然，数值计算和光强调度（物理）、光强感知（生物物理）之间并没有直接联系，这只是一个类比。但也许可以给我们以某种启发。

通过这些例子或更多的例子，我们可以看到，人智能体和程序体对事物的认知和处理能力实际上是互有短长的。本书作者提到的可解释性问题是一个极好的例子。在求解各种实际问题时，人们往往希望能有一个既能通用建模，又能提供最优解的方法，作者用那位 116 岁的老奶奶做比喻说明鱼和熊掌不可兼得，这个比喻非常贴切。回想在可计算性理论中我们学到过一些"不可计算"定理（不可解问题的另一种说法）。我认为 116 岁老奶奶的例子给出了不可计算定理的一种崭新版本："通用建模和最优求解不可同时计算定理"，或者直接称为"鱼和熊掌不可兼得定理"，又称"平猫不确定原理"。作者还提到了扎德在 40 多年前提出的复杂系统"预测和可解释性不相容原理"。由此可以解释深度学习的"最优求解和理性解释不可兼得定理"。上述第一个原理说了一个数学事实，可能会长久存在下去。第二个原理则可能是受我们目前的认识能力所限，不知道将来有没有突破的可能性，至少在某种意义上的突破。

本书谈论智能。虽然并没有正面给出智能或人工智能的定义，但是通过很多生动的例子，作者已经透露了对于此类问题的一些观点。读者可能会注意到，人智能体会做的事情很多，会犯错误的场合也很多，而许多常见的错误却没有收入书中。例如棋手错判对方意图，下棋输了；学生没有领会题意，写作文跑题了；投资者错估形势，炒股大亏，等等。为什么呢？我认为作者表明了这样一个观点：人智能体的智能并不局限于理性思维这样的高级形式。学术界常用的公式：数据→信息→知识→智能（或智慧）只是程序体的一种智能公式。从作者罗列的大量视觉、听觉、触觉、体觉的实例来看，该公式并非对生物人智能的一般性概括。如果注意到视觉、听觉、触觉、体觉并非人类独有，则它们还表明了人以外的生物也可以有智能。另一方面，如果我们仔细推敲"体感"这一节，可以发现本书并不认为大脑是生物智能的唯一产地。文献中报道的著名仿生机器"大狗"能够在复杂地形上负重快跑，它对身体平衡能力的掌控就模拟了人类小脑的功能。在更广的意义上，人类的脑是一个复杂结构，它的各个部分各司其职。例如脑干要负起维持所在人生命的多种重要责任，包括心跳、呼吸、消化、体温、睡眠等重要生理功能。还有许多条件反射和无条件反射。如果要用人工智能技术构造一个人工生命，对脑干功能的模拟就是必不可少的。这令我们想起了布洛克斯主张的"没有表示的智能"。他凭此还获得了1991年国际人工智能联合大会的计算机与思维奖。

可能有一种解释是：脑干是一种生命现象，它却与智能无关。但是脑干模拟功能是人工生命的一部分，它与人工智能有关。这种解释使我们意外地得到了一个推论：人工智能模拟的是否不仅仅是智能，而可能也泛指某种生命现象？机器鱼不也是这样吗？但是如果这个观点能够成立的话，就会产生一个问题：它是否管得太宽了？人工智能究竟是我们努力的目标？还是我们应该遵循的方法学？我在《人工智能》一书的前言中曾提到学界对于人工智能的态度有愚公派和智叟派之分。愚公派认为总有一天会把人工智能这座大山完全搬走（到那时机器像人一样聪明），智叟派则认为努力挖山不应懈怠，但挖尽之日永远不会来到。我愿意站在智叟派一边，认为人工智能既是一种（无止境推进的）目标，更是一种（应该持之以恒的）方法学。

在结束序言之前我还想说一句公平话。本书名曰《爱犯错的智能体》。人智能体在这里被一系列的故事批得灰头土脸。但是号称万物之灵的人智能体，其智能真的就那么不堪吗？我在这里只指出一点，人智能体固然爱犯错，但是更能容错。为什么某甲能够一眼认出某乙？尽管某乙外表已与当年初见时很不一样。为什么某丙能解决一个复杂的问题？尽管他从来没有遇到过类似的情况。为什么不同的程序体被设计来处理不同的智能问题？

而人智能体却能够处理各种各样的智能问题，尽管他只有一个大脑，其结构还是固定的。所有这些和他们的容错能力关系极大。为公平起见，我建议作者在本书出版后再写一本《能容错的智能体》，至少和本书一样精彩，或者更精彩。

陆汝钤

中国科学院数学与系统科学研究院

2019 年 3 月于北京

前言

"军平，我觉得你不妨用科普的形式把你的观点写出来！"

看完我写的技术报告，我的博士生导师王珏研究员对我说道。

1 萌芽

那是 2006 年 11 月，我博士已毕业 3 年。小朋友刚 2 岁，每天抱着她闲逛，看着她日渐成长，痛并快乐着。她虽尚不能流畅交流，但我相信，多跟她说些话，她总能潜移默化吸收一些，也许对她今后的智力发育会有大的帮助。出于天生的好奇心重，我也顺便观察着她的智力发育变化，比如发错音的问题、颜色辨识困难的现象，诸如此类。那段时间，我对人的认知心理也有些兴趣，顺便看了点皮亚杰的《儿童发展心理学》、华生的《行为主义》等心理学方面的书籍。有一阵子，经常为自己在智能发育方面的一些奇思怪想激动不已。为了能方便总结，我向陆汝钤老师申请了去北京的中科院数学所访问 2 个月。陆老师很快就答应了，并将中科院计算所他的办公室借给我使用。在那里，我完成了图 0.1 所示的技术报告，还见到了就在隔壁房间办公，我一直很仰慕的人工智能老前辈史忠植老师。偶尔也会去隔壁办公室，跟当时正在用传统机器学习和计算机视觉方法在人脸识别领域奋斗着的山世光，以及在生物信息学领域钻研着的贺思敏闲聊。

图 0.1 最初的技术报告——科普雏形

我把技术报告给陆老师看后，他说还

不够深入。王珏老师也说，缺乏实验在计算机领域是站不住脚的。如果只是想表达自己的观点，不如用科普的形式写出来，就像厦门大学的集禅宗、古琴、机器作曲于一身的周昌乐教授写的《无心的机器》那样。

仔细想了想，感觉工作确实也不是太完整，不如放一放，再多积累点，多看看世界，也许会更丰满。

2　修身

时间过得飞快。2007 年 9 月，我去加州大学圣迭戈分校访问了半年，旁听了不少课程和报告，如提出 Adaboost 算法的约法夫·弗洛德（Yoav Freund）的"机器学习"课，也听到杰弗里·辛顿（Geoffrey Hinton）介绍他 2006 年发表在 Science（《科学》）上，在深度玻尔兹曼机方面的研究进展。不过当时，大家多还处在对"深度学习"将信将疑的阶段，毕竟第二波人工智能的低潮把大家打击坏了。回国后，我继续做我的博士研究方向——基于流形学习的降维研究。我们小组针对高维数据降维后如何做统一的客观评估提出了一套准则，也基于代数拓扑中的持续同调思想，构造了主单纯复形的监督学习算法。在远距离身份识别这一块，基于人可以根据人的走路轮廓而不需要对图像进行细粒度的分析就能识别行人这一特点，提出了基于时间不变的步态模板的行人识别算法。

这期间，我也为人工智能两个主流会议做了些服务性工作，包括给 2013 年在北京举行的"人工智能国际会议"（IJCAI）做学生志愿者主席，以及 2014 年在北京举行的"机器学习国际会议"（ICML）做当地组委会成员。2013 年 11 月的第一个周末，我和西安电子科技大学高新波教授承办了"第十一届中国机器学习及其应用研讨会"。该会议 2002 年始于复旦，由陆汝钤老师发起，2005 年转至南京大学，在王珏老师、周志华教授的推动下，成为国内机器学习领域最负盛名的研讨会。通过参加这些会议，我对人工智能的认识也深入了一些。

2014 年 8 月—2015 年 8 月再次赴美国访问，并被宾夕法尼亚州立大学聘为研究助理（Research Associate），在信息科学技术学院王则 (James Z. Wang) 教授的指导下做些机器学习和气象预测等相关的研究。临行前，特地去拜见了我的博士导师，他又给我讲了一些他对人工智能发展近况的思考，并给我建议了一些值得关注的方向。而我到美国后，也利用这一年的时间，安安静静地思考了人工智能的发展与不足。

回国后，发现深度学习已经如火如荼，不跟进几乎很难在预测性能上占得优势。在发现单块显卡处理能力的问题后，我们便开始陆续购入了更多的 GPU（图形处理器）显卡，来帮助增加计算能力，目前已经有了 22 块像样的显卡。对我来说，与以往最明显的区别，就是发论文的成本高了，这让人多少有些心痛。以前一支粉笔、一块黑板、一个仿真程序可能解决的事，现在靠大数据、GPU、硬盘存储系统，一篇论文的成本可能接近 10 万元。更何况，还经常会碰到参数调了半天，算法不收敛的状况。

2017 年 5 月左右，应邀去西安参加了两次郑南宁老师主持的人工智能的相关研讨会，并参与筹备中国自动化学会混合智能专委会。7 月，国务院发布了《新一代人工智能规划》，其中谈到了人机回路。8 月，混合智能专委会成立，西安交通大学薛建儒老师任主任，我很荣幸当选为副主任之一。同年，我们开通了专委会的微信公众号。

3 科普

2018 年上半年，机缘巧合在《科技日报》上写了一篇关于对抗生成网的访谈报道。想着要给大众读，趣味性就得加强一点。所以，我在报道中讲了两个小故事，一是奥地利小说家斯蒂芬·茨威格写于 1941 年的小说《象棋的故事》里，一个囚犯在监狱里自己跟自己下国际象棋的故事，另一个是金庸的《射雕英雄传》里周伯通被困桃花岛后的双手互搏。虽然内容与对抗生成网的目的有一定的出入，但这两个故事都比较形象地讲述了同一个模型里存在对抗的事实。后来从阅读量来看，反响还不错。

于是感觉自己可以尝试写点科普文章。刚巧专委会也需要对微信公众号进行宣传，而我又一直对论文成本上升太快、经费有点撑不住耿耿于怀。某天在"追寻长寿之道"时突然发觉个体和统计的差异如此明显，觉得这个道理似乎能解释深度学习的优异和不稳定性，便给专委会微信公众号连续写了两篇文章，《深度学习，你就是那个116岁的长寿老奶奶》和《童话(同化)世界的人工智能》，科普深度学习之现状以及对现在产业和学术界带来的同化效应。在文章的最后，我留了个尾巴，我认为现在的研究尚不能完全解开智能的谜团。也许，答案要从犯错中去寻找。

这两篇文章的反响也是出奇的大，我便跟我博士导师的好朋友、对我有很大帮助的中国科学院自动化所的王飞跃老师在微信上说了这件事。开心之余，他建议我不妨写个科普系列。

要写科普系列，我想起了2000—2003年在北京读博士期间经常逛北京大学校区二手书摊时偶得的一本科普书《哥德尔，艾舍尔，巴赫——集异璧之大成》。王珏老师告诉我这是本好书，要好好看看。然后跟我讲了译者之一、严勇的导师、北京大学马希文教授(也是周昌乐的导师)的一些轶事，比如精通六国语言，对此书在信达雅的翻译处理方面赞叹不已。2016年，陆汝钤老师来复旦时又给我补充了一些对马希文教授的回忆。再说说这本书，它在美国一直是本科普畅销书。不过，不足在于，这本书第一版发行的时间是1979年，正处在人工智能第一波的寒冬中，对于1979年以后的人工智能的进展、观点变更没有涉及。其次，书还是太厚了。真心有兴趣把这本书细细读完的，十有八九是与人工智能相关的科研工作者或从业人员。另一本是2015年我在美国买的畅销图画书，克莱夫·吉福德(Clive Gifford)撰写的 *Eye Benders: The Science of Seeing and Believing*（《眼睛弯管：看和相信的科学》），书中讲了不少视觉错觉的例子，但并没有从人工智能的角度去做深入分析。

所以,我想结合两本书的一些背景知识,再加上我 2006 年以来对智能结构发育的一些认识和再认识,以及近年来对人工智能的许多更新理念来撰写。

而在写作手法上,我希望能做到专业和引人入胜。俗话说,科学家上报纸,就会少一圈朋友;科学家上电视,就没有朋友了。所以,写的内容我都反复斟酌过,确保逻辑通畅、无漏洞,防止没朋友。但人不是神,总有可能会出错。如果仍有遗漏和问题,后面我会做个勘误表。而关于如何引人入胜,我采用了与我所读过的科普书不太一样的风格,即小故事加严肃科普的形式,偶尔会穿插几个科学笑话,当然还要有点中国特色,这个风格基本贯穿了全书。

不过,万事开头难。虽然每一节要写的基本路线我都清楚,但怎么开头都挺头痛的。所以,我想了一些办法。比如跑跑步、遛遛狗,期望缓解之余还能释放点多巴胺来启发一下,一有好的点子就赶紧记下。当然,还得有充足的时间投入。所以,在完成这个系列的过程中,我把很多朋友的讲座邀请、登门讨论都无情地拒绝了。没办法,有时候创作和研究都需要一个人有不间断的独立思考时间。这应该就是做科研要有的狂热吧。另外,有的时候短时间高强度的集中思考,确实能促进思维、帮助人更深入细致地思索问题的可能答案。虽然这段时间平均每天睡眠约 5 个半小时,确实很累,每当想放弃时,我就会想起美国作家罗伯特·卡尼格尔写的《知无涯者:拉马努金传》中描述过的印度数学家拉马努金追求数学真理的过程,就会想起因玻尔兹曼方程和朗道阻尼的工作而于 2010 年获得"数学界的诺贝尔奖"——菲尔兹奖、主攻最优输运理论的塞德里克·维拉尼(Cédric Villani)在其书《一个定理的诞生:我与菲尔茨奖的一千个日夜》中提到的坚持和努力。也会想起近代著名学者王国维在《人间词话》中提及的古今成大事业、大学问者必经之三重境界：

1. 昨夜西风凋碧树。独上高楼，望尽天涯路。——北宋晏殊《蝶恋花·槛菊愁烟兰泣露》

2. 衣带渐宽终不悔，为伊消得人憔悴。——北宋柳永《蝶恋花·伫倚危楼风细细》

3. 众里寻他千百度。蓦然回首，那人却在，灯火阑珊处。——南宋辛弃疾《青玉案·元夕》

总之，写这个系列对我来说，是物超所值的，因为在科普的同时，我也在其中总结了不少我对人工智能诸多问题的观点和探讨，希望能给那些对人工智能感兴趣的人有所启发。

最后感谢中国自动化学会混合智能专委会薛建儒主任、陈德旺副主任、王晓师妹对本科普系列在微信公众号传播的大力支持，感谢科学网连续 20 余次推荐本科普系列文章至科学网头条，也感谢众多微信公众号如中国工程院院刊、中国自动化学会等的推荐。这些支持，让更多对人工智能感兴趣的人了解了这个科普系列的工作。另外，我也衷心感谢很多朋友在本书撰写中提出的宝贵意见，尤其是与我一同从 2002 年"第一届中国机器学习及其应用研讨会"出道的、北京交通大学的于剑教授对本书一些概念的讨论。感谢家人和我的学生们的理解和默默支持。没有他们在生活和科研上的顺畅配合，我也不可能有多余的时间来写这个科普系列。也感谢国家自然科学基金（资助号：61673118）、国家重点研发计划（课题编号：2018YFB1305104）、上海市"脑与类脑智能基础转化应用研究"市级科技重大专项资助（项目编号：NO.2018SHZDZX01）和张江实验室对本书的支持。

仅以此书献给我的博士导师：王珏研究员

写于 2018 年 12 月 24 日

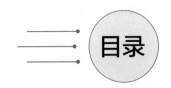

目录

简单视觉错觉 / 1

1 视觉倒像 / 2

2 颠倒的视界 / 7

3 看不见的萨摩耶 / 13

4 看得见的斑点狗 18

5 火星人脸的阴影 / 23

6 外国的月亮比较圆 / 32

复杂视觉错觉 / 39

7 眼中的黎曼流形与距离错觉 / 40

8 由粗到细、大范围优先的视觉 / 53

9 抽象的颜色与高层认知 / 61

10 自举的视觉与智能 / 70

11 主观时间与运动错觉 79

听觉、体感和语言 / 89

12 听觉错觉与语音、歌唱的智能分析 / 90

13 视听错觉与无限音阶中的拓扑 / 101

14 我思故我在 / 114

15 可塑与多义 / 122

梦、顿悟与情感 / 133

16　庄周梦蝶与梦境学习 / 134

17　灵光一闪与认知错觉 / 144

18　情感与回忆错觉 / 153

群体智能 / 161

19　群体的情感共鸣：AI 写歌，抓不住回忆 / 162

20　群体智能与错觉 / 169

总结 / 181

21　平衡：机器 vs 智能 / 182

附录 / 201

附录一：深度学习，你就是那位 116 岁的长寿老奶奶！/ 202

附录二：童话（同化）世界的人工智能 / 207

参考文献 / 211

图片来源 / 221

图片版权声明 / 231

简单视觉
错觉

三① 视觉倒像

　　基于人工智能设计的机器会犯错，其错误要么是因为用来学习的数据量太少，无法涵盖解决问题所需要的数据或样本空间；要么是由于训练太过精细，导致没办法对新来的未知样本或数据形成有效预测，俗称为过拟合；要么是基于人工智能设计的模型本身能力低，结果对样本的刻画能力不足；要么是硬件条件受限，无法完成相关任务。不管哪种错误，总是多少能找到原因的。

　　而智能体尤其是人类的犯错，却有很多缺乏明晰的解释。人类会在很多方面犯错，产生错误的判断，视觉上、听觉上、距离上、认知上、情绪上，甚至人类发育的基础，即基因上，都存在犯错。为什么这样一种错误频出的智能体，却能凌驾于其他生命之上成为地球的主宰呢？这些犯错到底有什么用呢？了解这些犯错，说不定能从中找出一些有用的线索，来重新思考人工智能的发展方向。

　　我们不妨先从人类在视觉上的犯错表现聊起。这种犯错常被称为光学错觉（optical illusion）。

　　先从光学成像说起，第一个还没得到完全认识，却又是最基本的，是视觉倒像问题。小孔成像原理（图 1.1）告诉我们，要观测的目标通过瞳孔的凸透镜原理映射至视网膜上，是一个标准的倒像。如果是机器，则可以通过光学变换还原成正常的影像。而智能体似乎并没有光学变换的能力，从视网膜获得的视觉信息，会经过视神经送往大脑。人类的视网膜上位于中间位置（俗称中央凹，fovea）的视锥细胞（cone cells）和周边的视杆细胞（rod cells）主要承担感受光强、颜色和运动状态的功能，似乎没有自动翻转的能力。

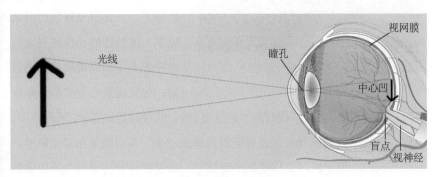

图 1.1　眼睛的小孔成像原理

假如没有自动翻转成正常影像而倒着看世界会如何呢？金庸先生的武侠书《射雕英雄传》谈到过。西毒欧阳锋为了学习从黄蓉那儿弄来的假"九阴真经"，居然凭自己的深厚功底，将全身经脉颠倒移位，逆练"九阴'假'经"。结果走火入魔，变成手当足、足当手来倒立走路。武林中人都以为他从此废掉了。可没曾想，经过一段时间后，他似乎已经习惯这种颠倒的世界，而且功力精进，练成了一套新的武功，并在第二次华山论剑中夺得天下第一。

当然，这只是小说中的虚构。但从历史来看，还真有科学家做过这样的尝试。1897 年，美国心理学家乔治·斯特拉顿（George Stratton）发表了《视网膜没有逆转视觉》的论文 [1]。在论文中，他详细介绍了关于视网膜倒像的实验（图 1.2）。他给自己戴了一副凸透镜，并把其中一只眼睛完全遮住。在前四天，本已被凸透镜纠正过来的正像，他看到的却始终是倒的。结果，以平时经验去拿东西都很失败和别扭。因为影像是倒过来

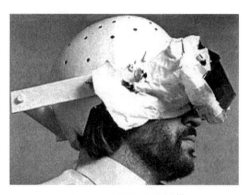

图 1.2　视觉倒像实验 [1]

的，而手势却还是按正常的思维来行动，想拿地上的物品手会往上伸，想拿架子上的东西手却往下放。不过到第五天后，他的视觉奇怪地、自发地变成正像了，好像视觉神经已经适应了，他肢体的动作也再次与世界协调了。但再取掉凸透镜后，他发现世界竟然都是颠倒的，之前的正像要再过一段时间才能恢复。换一只眼执行此实验，情况依旧。因此，他断定人的视网膜并没有把倒像颠倒过来，其功能是在视觉神经的后端实现的。即，视网膜感受的颠倒信号，通过视神经传导到大脑皮质的视觉中枢后，是在视觉中枢实现自动翻转的。这也是目前学术界的共识。

其实还有个简单的办法可以检验视觉在视网膜位置是倒像的。你读到这里的时候，不妨把手放到下眼皮底下，用手把下眼皮慢慢往上推。你应该能看到一整块模糊掉的字和图向下走，而不是向上。视觉能力强的，说不定在下眼皮遮挡眼睛的过程中，看到上方会出现一块黑斑。这些恰恰就是光学视觉倒像造成的。

后期有很多科学家想重复乔治·斯特拉顿的实验，不过比较遗憾的是，没有人观察到过倒像还能适应后翻转的现象，更多的是表示能够适应颠倒过来的世界。

不过也有科学家在尝试中发现，如果戴那种会导致变形的眼镜时，类似哈哈镜那种，有些人的视觉会自动将一些没注意到的变形的位置纠正。而取下眼镜后，看到的世界反而变得扭曲了。这似乎表明大脑有可能会自适应地纠正一些扭曲。

现实生活中，也有一些人会故意去阅读一些颠倒过来的书本。据说精通9门外语、号称"清末怪杰"的近代东方华学中国第一人辜鸿铭（图1.3）有一次在英国街头就故意倒拿报纸。有路人看到后便笑说："看这个中国人多笨，居然报纸都拿倒了，还假装懂英文。"辜鸿铭便说："英文太简单，正着读，显不出本事。"然后便熟练地倒读报纸，发音都是地道的伦敦腔[2]。

图1.3　大师辜鸿铭[2]

除去那些想通过这种方式吸引他人注意的人以外，其他真正这么读书本的，可能是将其视为提高阅读速度和能力的一种秘技。还有科学家说，通过这种方式，可以刺激大脑形成新细胞，防止衰老。其实大家稍微练练，也不难做到。所以，以后看见倒着看报纸、读书的人或新闻照片时，不要马上就嘲笑，说不定他们真的能这样读。

另外，作为感官元件，眼睛和其他感觉器官还有点不一样。它是在大脑发育过程中，从脑细胞中分裂出来的。如果把从眼球到视觉中枢的连接看成是一个深度学习模型，即当今人工智能领域最流行的预测模型，也许可以将这种视频倒像的纠正，理解为大脑处理的端到端（end-to-end）表现，即输入是正像，输出也是正像，中间的纠正都在深度学习模型中自动完成了。

但倒像纠正具体是何时发生的，乔治·斯特拉顿没有给出研究结论。现有的文献也是说法不一。有说初生儿开始感知的世界是颠倒的，随着大脑发育的逐步完善而慢慢实现。因为有报道说，有些两三岁的小孩可能喜欢倒拿玩具，倒读连环画，并猜测这可能和正视发育未完全有关。还有些人，如塞尔维亚的博亚纳·达尼洛维奇（Bojana Danilovic），据说天生就有空间定向障碍现象（spatial orientation phenomenon），看的世界都是颠倒的 [3]。所以，她用的电脑和键盘都是反过来的（图 1.4）。也有说倒视能力是与生俱来的，毕竟前者的例子还是很鲜见。另外，有不少飞行员在飞行中会出现空间迷向（spatial disorientation）或定向力障碍的问题，即分不清天上与地上，或者把星星的光误以为是地面的"灯光"。这种倒视有极大的危害，处理不当甚至可能导致飞机坠毁。

图 1.4　患有"空间定向障碍"的塞尔维亚女子

不管怎么说，"倒像"这个看似极其简单的问题，仍然没有找到统一圆满的答案，不论是它的成因还是发生时间上。

三 ② 颠倒的视界

上回讲到，光学倒像这一简单的现象，在何时纠正和如何完成上，还没有形成统一和完美的答案。除此以外，以下三种情况的颠倒视界也会影响人的判断，导致错判或判断障碍，甚至产生光学幻觉。

人脸翻转效应（face inversion effect）

图 2.1 是网络上经常能看到的颠倒错觉图片。左图正看是一位老太太，但如果把图像颠倒过来后，却能看到一位戴着皇冠的美女。类似的颠倒错觉图还有不少。这类图产生二义性的原因，主要缘于人的视觉系统具有整体结构观，以及依赖于人的先验知识或以往经验。

观看一张人脸图时，人们会自然地把眼睛下面的结构按鼻子、嘴巴、脖子的次序依次排序去联想和匹配，而眼睛上方的结构则往头发、头饰去想象。很少人会不按这样的结构次序来反向思维。它表明，如果忽略了与生活常识中次序相反的细节结构，就有可能产生颠倒错觉。当然，如果你有倒过来阅读的习惯，其实也能从老太太的图上直接看到倒过来的美女。

更有意思的是，某些图像，尤其是人脸，即使只是简单地翻转，也可能导致认知障碍。

1969 年科学家英（Yin）第一次在文献中报道，翻转脸对于识别的影响要大于翻转其他范畴图像的影响[4]。自此以后，很多科学家开始研究人脸翻转效应，并试图给出合理的解释。

图 2.1　颠倒错觉中的老太太与美女画像

加拿大安大略省女王大学（Queen's University）的弗雷尔（Freire）等三位研究人员曾在 2000 年展开深入研究[5]。他们首先将多个人脸图像进行统计平均，以形成平均人脸。基于对图 2.2 平均人脸的研究实验，他们分析了人脸翻转效应。

他们注意到，在正脸情况下，如果从整体结构或构型（configural）的角度出发，人能够以 81% 的精度区分人脸。当人脸被翻转后，就只有 55% 的识别精度了。而如果要求测试者辨识人脸上的特征，如眼睛、眉毛、鼻子之类的，那么翻转的影响就很轻微。此时的结果表明，正常脸的识别精度是 91%，翻转了也有 90% 的精度。如果考虑延迟的影响，他们发现隔 1~10 秒后，再让测试者重新去识别，则不管是正脸还是翻转脸，在构型上或特征上的差异都能正确识别，人脸翻转效应似乎消失了。从这些实验，他们推断，人脸翻转效应中起主要作用的是构型，即整体结构对识别的影响更大。但这也可以算作构型编码的一个缺陷，比如双胞胎就很难通过构型编码来区分。

由于在时间上和识别率上的差异极细微，他们还推断，这种构型缺陷主要发生在人脸处理的编码阶段，而不是后面的人脸存储阶段。这与图2.1中我们不容易发现老人图像中隐藏的美女的情况是吻合的。

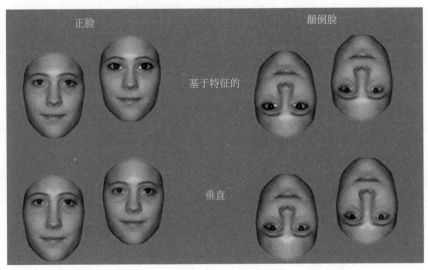

图 2.2 　人脸翻转效应

第二行表明人脸构型上的垂直（Vertical）距离在翻转后会被错判

另外，科学家 Carbon 和 Leder[6] 在研究中发现，正脸比翻转后的脸的全局信息能更快获得。但是，在翻转脸后，特征的提取则要先于整体信息进行处理。而要在短时间（如 26 毫秒）处理局部特征信息，则具有上下文信息的整体结构处理是必要的。

总的来说，翻转效应影响了人对人脸的空间关系，即人脸构型的认知[7]。但是，人脸翻转效应还没有一个终结者的解释。有兴趣的朋友可以在网络上搜索"face inversion effect"，应该可以查到不少最近的相关文献。另外，大家如果读完本书《灵光一闪与认知错觉》一文，不妨再回来重读一下本篇内容，也许会有不同的答案。

相反，现有的人工智能技术是不用担心翻转对识别性能的影响，尤其在当下深度学习中，引入了生成式对抗网络的深度神经网络模型和数据增广技术后。因为，在这些模型和技术中，翻转常被作为丰富（人脸）训练数据集的手段之一。因此，翻转不会损害人脸识别算法的预测性能，反而有可能帮助提高性能。

但从认知的角度看，这是否意味着我们在提高预测能力的同时，有可能损失了"拟人"的某些认知功能呢？也许可以推断，人脸翻转效应表明，现有的人工智能技术在人脸识别的处理方法上和人在人脸的认知上存在根本的不同。理解这些差异，也许是通向更接近智能体的智能和"人机混合"智能方向的线索之一。

正片负片的人脸识别

不仅在图像方向上的翻转会引起认知障碍，甚至对图像做简单的、按照光的强度值进行的翻转也会让原来的人脸识别变得更困难。

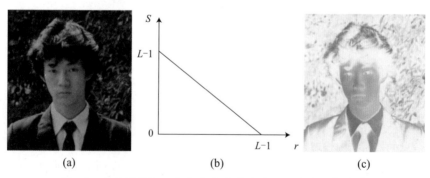

(a)　　　　　　　　　(b)　　　　　　　　　(c)

图 2.3　人脸图像的正片（a）和负片（c）以及变换公式（b）

图（b）中，横坐标是输入的图像强度变量 r，最大强度为 $L-1$，如等于 255。纵坐标是变换后的强度 S，最大强度为 $L-1$。斜线是正负片的翻转函数，直观来看，即白（255）变为黑（0），黑（255）变白（0）。

图 2.3（a）是一张正常的人脸（注：作者年轻时的照片），如果对其用图 2.3（b）的函数进行翻转变换，即白变黑、黑变白的简单翻转，则有了图 2.3（c）的负片图像。人在识别和记忆图 2.3（a）人脸时，是不太需要费脑筋的。虽然用的函数变换也很简单，但对于图 2.3（c），如果没有图 2.3（a）做参照，人们可能很难联想其真实的相貌，更不用说做有效识别了。这种差异也许是由于日常生活缺乏对负片的图像进行学习造成的，因为人的视网膜细胞主要是感光细胞，只能接受光源传过来的正能量。又可能是由于智能体缺乏与"翻转"相关的数学计算能力，没有演化出有效的办法。所以，不能在大脑自动将图 2.3（b）的"翻转"函数求反，尽管智能体可以实现前一篇所讲述的光学倒像的自动纠正。

正负倒影

除了以上两种颠倒，人的视觉还有翻转颜色的"特异功能"。如图 2.4 所示，如果你盯着这张图中间的 4 个点静看 30 秒，再去看一面白色的墙或屏幕的空白处，或不停地眨眼，你的眼前便会浮现出耶稣的影子。这个影子看上去就像是由图上黑色背景内部的部分，通过黑变白、白变黑互补所形成的图像。

至于为什么会有这样的结果，也是众说纷纭。比较靠谱的解释是，这是一种图像烙印（burn-in）或持续性记忆现象。当一个非常明亮的目标处在视野的关注焦点时，会在视网膜上短暂地打上烙印。如果随后闭眼或者重复性地眨眼，这个烙印仍然还会持续一段时间。

图 2.4　耶稣光学幻觉

也有观点表示，人的眼睛是由视锥细胞和视杆细胞组成。其中，视锥细胞主要负责环顾四周。如果长期只盯着同一目标看的话，那么视锥细胞就容易工作过度，快速导致疲劳。结果，如果离开盯着的目标后，疲劳的视锥细胞不会迅速反馈新看到的颜色到大脑，比如新看到的白色墙壁。而大脑还需要对老的信息进行解释，因为它并没有收到强的、新的信号。

还有观点将其称为视觉后效（aftereffects in visual），即连续注视相同图形之后，会导致感知被影响，随后影响感受到的图形结果。这种知觉现象最早由 E. H. 维尔霍夫于 1925 年发现，后来很多科学家都对这一现象进行了系统的研究 [8]。

这些观点都认同，随着视网膜神经细胞功能的恢复，这个现象会逐渐消退。因为这种现象能带来很多奇特的视觉效果，这或多或少可以解释，为什么大多数艺术馆里都偏好以白墙来装饰。

不管怎么说，人眼的这些错觉现象表明，人内在的认知行为，可能比我们现在在人工智能所能实现或理解的功能要复杂，需要做更多的探索。

关于颠倒的视界就写到这里。下篇介绍智能体的另一种视觉错觉。

三 ③ 看不见的萨摩耶

　　我家附近曾经有只白色的萨摩耶，大约 12 岁，挺安静温顺的，基本不怎么吠叫。听说主人身体不好，行动不便，于是就放任其在外乱逛。它虽然个头不小，马路什么都过得好好的，就这么自顾自地生活着。可某天它过人行横道的时候，一辆左转的车辆速度和它过马路的速度一致，导致它进入了驾驶员的 A 柱盲区。等萨摩耶反应过来时，车已经对着它冲了过来，左前轮压了一次，左后轮又压了一次……它躺在车后，无助地颤抖着、哀号着。两旁的行人默默地看着它。车主坐在车里，没开窗没下车，不知道是何反应。过了一会儿，狗用力翻身站了起来，摇摇晃晃走起来了，准备回家。观望的行人们都松了一口气，有人笑了，说狗没事了。车主见状，赶紧一溜烟开车跑了。可是，狗走了不到 200 米，便慢了下来，实在是走不动了，满嘴的鲜血。于是，它便安静地躺在人行道上，还像平日逛街一样，一声不吭……希望它下辈子，不要走得这么凄惨。

　　作为智能体，人的视觉和机器视觉是存在区别的。其中一个非常特别的区别是，人会根据情况或上下文有意无意地忽略眼中看到的目标。

　　1999 年两位权威心理学专家克里斯托弗·F. 查布里斯（Christopher F.

Chabris）和丹尼尔·J. 西蒙斯（Daniel J. Simons）曾做过一次"看不见的大猩猩"的实验[①]。因为这个传说中心理学史上最强大的"大猩猩实验"，两人荣获了 2004 年的"搞笑诺贝尔奖"。在播放的视频中，有几个人一起打篮球，在投篮的过程中还会有一只人扮演的大猩猩从右向左走过，并在视频的中间位置稍作停留。而测试者观看视频时，给他们分配的任务是统计打篮球的人投篮命中的次数。当视频播放完，测试者报告的进球数基本都是准确的。可是，当问他们，有没有注意到视频中有只人扮的大猩猩从视频中走过时，却有不少人没能回想起来。

类似的实验，英国赫特神德大学的心理学怪才、理查德·威斯曼（Richard Wiseman）教授也做过，叫变色纸牌游戏（The colour changing card trick）[②]。他和一位女助手一起在摄像机前表演玩牌的魔术。表演的过程中，身上的衣服、背景、桌布都被换掉了。但由于有多台摄像机的切换，人的关注焦点一直被诱导，结果观测者只注意了两位"魔术师"手中扑克牌的变化，而压根没发现视频中换掉的物品。

如果利用人工智能算法来跟踪并区分变化的目标，会很轻松发现其中的区别。因为计算机在检测目标时，会计算像素位置上的光的强度变化。所以，当视频中出现大猩猩，或者变换桌布、背景、衣服时，都意味着视频中帧与帧之间出现了大面积像素的强度变化。这种变化，很容易超过图像变化程度的阈值，导致被人工智能算法检测和发现。值得指出的是，检测这类变化也是现在做视频摘要、视频关键内容提取的基本手段之一。

反观人类，却容易出现忽略目标的情况。其原因在于，当人关注某个目标时，目标将成像于视网膜的焦点即中央凹区域，而目标周围的内容则分布在中央凹的周边，由视杆细胞来负责感知。而视杆细胞主要负责运动，

---

① 视频链接：https://v.qq.com/x/page/t0323pisjzt.html
② 视频链接：https://v.qq.com/x/page/q0114mwdmgw.html

对具体细节不敏感。所以，在这一前提下，大猩猩就被大脑视觉中枢视为没有多大意义的像素点运动，甚至被篮球的运动所掩盖。换衣服、桌布等也是类似的原因。

除此以外，也许是因为人类其实是一种能偷懒就会偷懒的智能体。如果能够在不经过缜密思维就能保证大部分判断成功的话，人类会倾向于优先采用更简易的判断，而不是进行过多的细致分析。就像平时走路一样，我们也没有像机器人一样去区分路面的高低差异、纹理差异、光强差异，但却能非常有效和快速地形成决策。即使存在例外，那也是极个别的情况。

这种现象，在日常生活中，则有可能带来潜在的危险。比如交通中，在一个平时很少有行人经过而车辆较多的十字路口，驾驶员的关注焦点往往是行驶的汽车，其目的以避让汽车为主。在成年人经常走过的人行横道附近，则驾驶员的关注视角会以成人为主。第一个例子可能导致的危险是，如果某天突然出现非机动车或行人时，司机会注意不到，不容易形成应急反应；第二种情况则可能会导致对矮小目标（如儿童）的忽视。

这种危险能避免吗？有心理学家指出，如果关注的焦点不变，这样的定式或习惯性思维会一直存在，且很难避免。结果，当驾驶员发现危险来临时，已经缺乏足够的反应时间，极易发生交通事故，造成不必要的人员伤亡[9]。

那如何解决呢？最简单的办法就是，驾驶员在经常经过的路口不要形成定式思维。但凡碰到这类路线时，不妨想想，这里可能有条看不见的萨摩耶；不妨多变化下关注的视野，如左右晃下头，避开 A、B 柱盲区和看不见的"盲区"，最大程度地避免这类事故的发生。

看不见的盲点

人的视觉不仅有视而不见的特点，也有弥补先天不足的能力。我们的视神经感受周围环境后，还需要将信号送到大脑。送的方式挺聪明，大脑

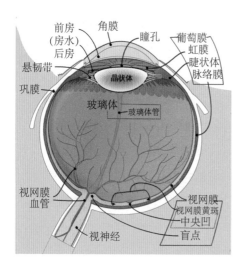

图 3.1　人眼构造，视神经传输位置没有感光细胞

图 3.2　生理性盲点测试图

将输送信号的视神经像头发一样扎成左边一股，右边一股，在每个眼球视网膜中央凹偏外约 20°处集中起来，向大脑输送信号。遗憾的是，视网膜这个位置上就没法生长感光细胞，于是形成了生理性盲点，如图 3.1 所示。

要检测盲点的具体位置，不妨试试图 3.2 这个经典的盲点测试图。首先，捂住左眼，用右眼盯着图上的圆点，将图片逐渐拉远或拉近，会发现在某个位置时十字会消失。这个位置，就对应于你的右眼盲点。类似的，捂住右眼，用左眼盯着右边的十字形，移动图片远近，会发现圆点在某个位置消失了。它对应于左眼的盲点位置。

虽然有盲点，所幸人是双目视觉，所以两只眼睛的盲区会通过双目视觉来相互弥补。结果，日常生活中，人就感觉不到盲点的存在。不过，如果单眼存在眼疾，如患上白内障，那盲点的影响就比较大了，毕竟有个位置的信息是缺失的，这就需要通过多调整视角来消解这个困扰。

看不见的笔——单眼与复眼

除了盲点外，还有种情况，人也会对目标视而不见。各位不妨试着拿起一支笔，竖直放在左眼前面。一开始，你会感受到笔对视野造成的遮挡。

再将眼睛盯着远处某目标，将笔缓慢远离眼睛，你将会发现这支笔并没有对你观察远处的景象形成任何障碍，笔似乎凭空消失了。显然，这并非是生理性盲点造成的。它和人的视网膜结构有关，可以从单眼与复眼的关系来解释。

众所周知，人有两只眼睛，而昆虫如蜻蜓、苍蝇的眼睛则是由非常多的小眼睛组成的，俗称复眼。如果是昆虫的复眼，那么笔的存在不会对想观测的目标形成遮挡，因为昆虫的整体视觉可以通过拼接每只小眼睛关注的内容来获得，少数几只眼睛的视角被遮挡不影响全局感知。可人是双目视觉，为什么也会有类似的情况呢？实际上，人的视网膜上的感光细胞数量众多，每个细胞都分担了一部分的视觉检测。在处理笔遮挡的任务时，会通过感光细胞间的相互填充，实现类似昆虫复眼的功能。

但要注意的是，人是很难像昆虫那样演化出复眼的。因为昆虫复眼上的每只眼睛负责的视角和频率都很窄，如果要在人的头部形成如同昆虫一样具有全角度检测能力的复眼，著名物理学家费恩曼曾经做过粗略的计算，他的结论是复眼的大小会超过现在人类头部的尺寸，人的脑袋很可能承受不了眼睛的重量 [10]。

当然，除了这些情况看不见外，人过于关注某些人或事情时会对周围情形视而不见，人不关注某些人或事情时也会对其视而不见或熟视无睹。这些依赖于情感和心灵的视而不见和熟视无睹，比起单从视觉上发生的，就要复杂多了，也是人工智能目前还完全找不到北的研究方向之一。

三④ 看得见的斑点狗

先看张图。大家仔细看看，图 4.1 里面有什么东西呢？一群杂乱无章、形状不一的黑色块，还是其他？如果我说，里面有一条低垂着头的斑点狗，可能还有一棵长着茂密树叶的树，你都能看见吗？

也许能，也许不能，因为不是每个人都见过斑点狗。但

图 4.1 树旁的斑点狗

这只看不见的"斑点狗"却引出了一个人工智能的话题，一个关于"机器"图像分割和"心理"图像分割的话题，一个客观与主观图像分割的话题。

图像分割（image segmentation），简而言之，就是把图像中的（多个）目标和背景分离开来。它是计算机视觉和图像处理领域的经典研究方向，尽管这个方向成果累累，但至今仍未得到圆满解决。对于人工智能而言，它也是重要的基石，因为它的性能优劣决定了多数人工智能应用的有效性。比如智能驾驶，如果不能有效从监测的视频中将人、车、交通标志、路面、建筑物等目标进行精确分离，那么智能驾驶就无法实用。比如视频摘要和

图像理解，如果不能把图像或视频中的目标及目标关系提取出来，也会碰到类似的困难。再比如智能服务机器人，如果不能将待服务的主人或顾客从视频中检测和识别出来，那也就无法提供有效的服务。

要实现图像分割，我们可以采用很多不同的策略。比如采用对图像中目标先期进行打下标签或标注再进行训练的监督学习（supervised learning），代表方法如按最近距离分类的算法；或者采用完全无标注的非监督学习（unsupervised learning），代表方法如基于每个目标或类别中心的 K-均值（K-mean）聚类算法；或者采用把图像分解成像素或像素块构成的节点与节点间的连接边组成的图模型（graph model）的方法；或者采用基于类似新华字典的视觉词包（bag of visual words）方法；或者采用基于目前流行的深度学习的图像分割。不管用何种方法提取目标或背景，对目标的结构假设基本上是一致的。一般都假设了目标内部是同质地的、空洞比较少的，目标与背景之间的边界是明显的、少锯齿状、尽量光滑的。图 4.2 就是基于 K- 均值聚类算法获得的图像分割示例。

(a)　　　　　　　　　　　(b)

图 4.2　基于 K- 均值聚类算法获得的图像分割示例
（a）月牙泉图像；（b）分成三类的图像分割结果

另外，衡量图像分割质量优劣，大致有两类标准。要么是人为先把真正的分割结果标记好，再通过图像相似性或者真实分割图像与算法分割后图像的信噪比指数来客观评判；要么是视觉上根据用户经验做主观分析和比较。前者与人感知的图像分割存在一定偏差，有时会出现定量指标好但视觉效果差的图像分割结果；后者则容易陷入"公说公有理、婆说婆有理"的尴尬局面，让人对图像分割质量的好坏没什么底。因为有可能某些图的分割效果好，但某些图的分割效果又很不好，所以难以验证其可推广性。

除此以外，图像分割还具有多义性。如图 4.3 中花瓶与人，ABC 和 12、13、14 中的 B 与 13，是兔子还是鸭子的图。这些图都反映了主观意识和上下文在图像分割中的重要性，也表明了图像分割并非像字面意义那么简单好处理。

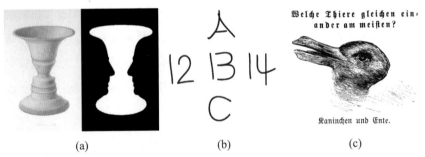

(a)　　　　　　　　　　(b)　　　　　　　　　　(c)

图 4.3　图像分割的多义性示例

（a）花瓶与人；（b）13 与 B；（c）兔子还是鸭子（引自：*Fliegende Blätter*，1892-10-23）

至于看不见的斑点狗，它涉及另一层的"图像分割"——主观意识下的图像分割和目标提取。图像中本没有明显的斑点狗，可是当给予线索暗示后，人会根据提示，从自己先前的知识中，合成潜在的目标形状，并在图像中进行匹配、分割和形成最接近的目标结构。

为什么会有这样的情况出现呢？心理学中，有个叫格式塔（Gestalt）心理学的流派分析过这一现象，并将其归结为涌现（emergence）[11-12]。

在其框架下，感知到一只达尔马提亚狗（俗称斑点狗）正在茂盛的树下嗅着地面的过程称为涌现。但与常规的图像分割不同，人在辨识这只狗时，并不是通过先找到它的每个局部结构如腿、耳朵、鼻子、尾巴等，再将其拼成整体来推断狗的；而是将那些与斑点狗相关的黑点作为一个整体，一次性地感知成狗。然而，格式塔心理学也只是描述了这一现象，并没有解释这个涌现是如何在大脑中形成的。

一种可能的解释是，人会根据自己习得的经验来分析图像，并尽可能与自己的经验匹配。数学上，称这种经验为先验知识。比如当遇到毫无线索的图像时，人会优先根据先验知识或暗示来寻找最接近的答案。于是，你便可以从图 4.1 中看到一只"斑点狗"了。

根据先验知识或经验来对图像内容和自然界的景色进行想象和判断的例子不在少数。比如图 4.4 中桂林漓江的九马画山，以及 2017 年 10 月 19 日发现的、因其雪茄形状而被疑为外星人飞船的 Oumuamua 彗星（夏威夷语，意思是"第一信使"）等。

(a)　　　　　　　　　　　　(b)

图 4.4　根据经验对图片内容进行想象与判断的实例

（a）桂林九马画山；（b）疑似为外星人飞船的 Oumuamua 彗星

但这种整体结构的形成又恰恰是"客观"图像分割很少能做到的。首先，人感知到的"斑点狗"并不符合图像分割的客观定义，如同质性、少洞性、边界光滑性和差异性。斑点狗与背景几乎是相同纹理的，斑点狗内部和外部的差异极小，边界也不清晰，甚至人也很难用唯一的边界轮廓来把斑点狗勾勒出来。其次，图像匹配的相似度也不高，因为只是形似，并非百分之九十的精确相似。在计算机视觉中，有可能第一时间就被判断成异常点或因为低于阈值而被排队。即使是将其视为认证任务（verification，即：非此即彼）而非分类任务，识别算法也不见得能有多高的准确定位能力。再次，它能形成的联想会超出图像分割本身的范畴。图像分割的目的是纯粹的，而联想却是基于每个人长年耳濡目染构建的知识库。所以，才会"看到"图上的飞船，由其比例大小才会猜测非人力可为，进而联想到外星文明等。

这种上下文的联系表达，尽管已经有一些看图说话（image captioning，也称图像描述）的研究成果，但目前的结果，从人工智能和计算机视觉角度来看，都还没法与人类抗衡。因为，他需要的知识库更为庞大，如果只靠枚举，很容易出现人工智能里、曾经流行的专家系统中的组合爆炸问题。

除了人的先验知识能影响对图像中目标的判断外，还有一个更为简单的因素，却能严重影响人对目标的判断，下回书表。

三 ⑤ 火星人脸的阴影

火星人脸

人类对外星文明的寻找和痴迷自古就有记载。所以，人们每每看到拍摄于外星球的照片，必然会情绪激动，试图从中获取存在外星人的蛛丝马迹。

图 5.1（a）是一张 1976 年美国"海盗 1 号"火星探测器在火星"西多尼亚"地区拍摄的照片。如果直接对图做分析，即使用到上文讲过的先验知识，也不容易发现有用信息。

不过，图像处理工作者多少懂点 PS（P 图，Photoshop 软件的简称），会对图像先做些处理。首先，这张图像偏暗，先增加图像的整体亮度，得到图 5.1（b）。其次，早期火星探测器拍摄的照片易受设备或其他电磁干扰影响，会在图像上产生一些白点和黑点，即图像界俗称的"盐"和"胡椒"组成的椒盐噪声，如图 5.1（b）所示。因为这类噪声处在图像像素亮度值的两个极端，"胡椒"对应于 0，"盐"对应于 255，所以比较容易通过图像处理技术消解。比如将 3×3 图像块的亮度值按大小排序后取中间值，即得到图 5.1（c）。而图 5.1（c）的亮度过于集中在灰色区域，需要用相应的技术将图像亮度的变化幅度或动态范围扩大，以便于人类更方便感知其中的差异，于是有了广为流传的图 5.1（d）或（e）。

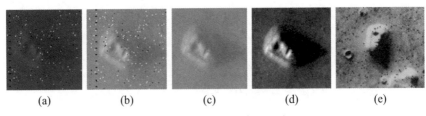

| (a) | (b) | (c) | (d) | (e) |

图 5.1　火星人脸的图像处理过程

图 5.1（e）是曾经很著名的"火星人脸"。据小道消息，当年苏联的一群科学家从美国宇航局公开的网站上拿到一组火星照片，对原始图片进行类似的处理后便得到了这张照片。仔细看了后，大家非常激动，因为图上有一张看似立体的人脸，眼睛、鼻子、嘴巴都非常逼真。可是按拍摄的距离和目标比例来估计，显然不可能是人力可为之，更何况有记载的人类文明还从未有人去过火星。他们便推测这可能是外星人留下的遗迹。尽管美国宇航局一直强调，这只是光学和图像后处理的视觉错觉，但在当时，这种强调被认为是刻意掩盖外星文明的阴谋论。

从那时开始，媒体对火星人的幻想一直持续不断，前前后后拍过的经典电影不少。有与火星人发生战争的《火星人玩转地球》（1996 年）和《世界之战》（2005 年），也有幻想和平相处的，如 2000 年拍摄的、围绕火星人脸和火星文明展开的《火星任务》。

为了能"走近科学"，答疑解惑，美国宇航局后来又做了几次火星探索。1998 年、2001 年和 2006 年对火星人脸位置进行了再次侦测。从发回的照片看，"火星人脸"只是一座普通的山丘，图 5.2 展示了 1976 年、2001 年、2006 年火星人脸照片对比。但由于当时火星正值多云天气，照片效果不佳，大众并不认可其结论。2015 年 7 月，欧洲宇航局"火星快车"探测器飞越火星"人脸"上空时，拍下几幅高清晰照片。其拍摄的三维成像照片清楚地呈现了火星人脸的地形。它表明在其他角度观察"火星人脸"时，上面并没有任何人脸的特征，只是大自然腐蚀的结果而已。

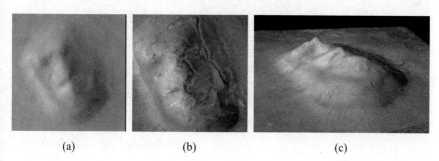

（a）   （b）   （c）

图 5.2　1976 年（a）、2001 年（b）和 2006 年（c）不同火星探测器拍摄的火星人脸对比

通过这些努力，多少打消了大家对火星人的幻想。2015 年的电影《火星救援》更是把火星描绘成荒无人烟的沙漠。主人公马克因意外不得不独自在火星上生存，在绝对的孤独中只能靠刺激感官的摇滚乐和迪斯科音乐来振作精神。比如，他在改装战神四号准备逃离火星时，听着与披头士齐名的瑞典国宝级乐队——ABBA 乐队 1974 年的成名曲"Waterloo"（滑铁卢）。

不过，2018 年 7 月 25 日，美国科学杂志报道，意大利科学家利用地面穿透雷达在火星南极冰盖下发现了巨大的地下湖，又让人们对火星生命产生了新的希望和联想。

然而，不管有没有火星人，"火星人脸"的视觉错觉来源于两个因素，一是人对人脸的先验知识，另一个是阴影帮助人们建立的立体视觉。

阴影

阴影是日常生活最常见的。太阳升起来，照在桑干河上 [①]，河边的景物便有了影子。

[①]　《太阳照在桑干河上》是著名作家丁玲于 1956 年在人民文学出版社出版的图书。

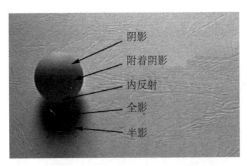

阴影
附着阴影
内反射
全影
半影

图 5.3　阴影的形成与分类 [13]

一般来说，阴影有 4 类，如图 5.3 所示 [13]。光照在物体上，被物体完全遮挡在地面形成的阴影称为全影（cast shadow）；由于光源大小差异在全影以外形成的阴影称为半影（penumbra）；物体表面因光源变化而导致光的强弱变化，未被遮挡部分称为阴影（shading），而被遮挡部分称为附着阴影（attached shadow）。另外，如果把阴影的类型作为课堂习题，学生回答不上来拿不到分数的时候，说不定还会增加一个心理阴影。

阴影对人的认知、人工智能的发展有着不可忽视的影响，利弊共存。

首先，人对阴影的认知并非与生俱来的。1~2 岁的小孩发现脚下连着个影子时，并不会马上明白这只是光学现象，不是实体，反而可能会因为甩不掉而产生短暂的恐惧感。成语中的"杯弓蛇影"也反映了影子对心理认知的影响。那么，未来的机器人能赋予这种"心理阴影"的认知能力吗？

其次，阴影的存在为人类识别目标的大小、远近、运动方向和数量等提供了参考，好的、坏的都有。它对许多人工智能的实际应用也造成了不小的障碍。

举例来说，2018 年 3 月的首例无人驾驶车撞人致死事件就与之有一定关系，如图 5.4 所示。从美国优步（Uber）公司公开的事故报告来看，当时优步无人驾驶车上的驾驶员把激光雷达测距仪关掉了，结果使得无人驾驶车仅依赖摄像头获取的图像来实现自主驾驶。由于夜幕对驾驶周边环境形成的巨大阴影，推车的受害者在出现前被完全掩蔽在黑暗中。分析的结果表明，虽然视频中人被检测出来了，但低于阈值。不过，报告没有提及在阴影中人是否被检测出来。这些情况多少说明了，阴影的存在，使得智能驾驶系统在判断目标是否为行人时的确定性显著降低了。

由于确定性的降低，再等到被害者从阴影中走出后，系统没能输出紧急刹车的指令，最终导致了惨剧的发生。这次事故也直接影响到整个无人 / 智能驾驶行业的研究。

图 5.4　优步无人驾驶事故中的 4 帧图片

阴影对目标的跟踪和计数的干扰也很严重。如图 5.5（a）中，如果不能将车辆和其阴影分离，智能驾驶就无法精确定位车辆、车形和测距[14]。再如图 5.5（b）的计数问题，如果缺乏好的阴影抑制或去除算法，则会影响对羊群的准确计数，进而可能影响某些人或智能机器人的"睡眠"，因为"数羊"一直是治疗失眠的方法之一，不管是否有效。而"睡眠"对智能体的学习也尤其重要，这是后话，暂且不表。

(a)　　　　　　　　　　　　　　(b)

图 5.5　阴影对目标跟踪和计数的干扰

（a）未进行阴影抑制的车辆检测 [14]；（b）阴影与羊群计数

　　但是，目前的阴影分离和去除仍没有特别好的人工智能和计算机视觉算法 [15]。有学者将阴影和实际图像看成是两个独立变量，利用可以从混合信息中分离出独立变量的独立分量分析（independent component analysis）的技术来过滤和分离阴影。也有学者希望借颜色恒常性 [①] 来设计算法去除阴影 [16-17]。最近的深度学习技术，有考虑采用深度卷积网 [18]，也可以考虑采用"图像＋编辑"的思路，通过生成式对抗网络或自编码网络来去除阴影。然而，由于阴影的多样性，要构造阴影去除的终极算法并不容易。更何况，这项研究在人工智能和计算机视觉领域本就属于小众研究。

　　另外，去除阴影也并非都是好的，因为阴影会帮助人们形成立体视觉，以及对观测目标的距离形成正确判断。在这种情况下，过滤或消除阴影可能导致危险的后果，尤其在智能驾驶中。比如图 5.6 中，阴影的位置可以让人对目标的空间位置产生明显不同的判断。如果没有阴影，就很难猜测纸到底是 W 形状还是 M 形状了 [13]。

---

① 颜色恒常性（color constancy）是指当照射在物体表面的颜色光发生变化时，人们对于该物体表面上的颜色知觉仍然保持不变的知觉特性，比如阴影，虽然会导致颜色变化，但不影响颜色恒常性。

正是出于阴影能提供立体视觉的原因，我国嫦娥四号探测器也特意选择了月球的白天时间，于 2019 年 1 月 3 日 10 时 26 分成功着陆在月球背面东经 177.6°、南纬 45.5° 附近、南极 - 艾特肯盆地内的冯·卡门撞击坑内。其原因在于，着陆点选在背面，导致地面上的信号必须通过中继卫星来引导探测器的行动，这会有 60 秒的延迟，而整个着陆过程才 700 秒不到。另外，艾特肯盆地地形状比较复杂、崎岖，撞击坑大且分布密集，最大落差高达 16.1km。这些都要求探测器必需具有更稳健的自适应调整能力。当月球背面进入白天、太阳光照在月球的角度达到理想状态时，着陆点及周围的地貌将能够提供相对清楚的阴影（图 5.7），为嫦娥四号探测器的辅助光学设备提供更有效的立体视觉，从而实现精确的地形和高程图分析及判断，保障探测器的安全着陆。

有趣的是，虽然阴影如此有用，但是并非全部阴影类型都被用于绘画

图 5.6 笔的阴影对折纸结构的帮助 [13]

图 5.7 "玉兔二号"巡视器从嫦娥四号探测器走出，走上月面的影像图及巡视器在月球表面的阴影（图来自中国国家航天局，http://www.cnsa.gov.cn/n6759533/c6805086/content.html）

艺术。在绘画中，用的最广泛的是材料本身形成的阴影，而能反映物体运动和时间变化的全影则较少被使用。雅各布森（Jacobson）和沃纳（Werner）曾分析了大量古代的绘画作品，发现有两幅表现这些变化的作品[19]。如图 5.8 所示，一幅是乔治·德·基里科（Giorgio de Chirico）画的《正午的教堂》。作者用长长的阴影配合明亮、正午的天空来形成永恒（timelessness）的感觉。一幅是马萨乔（Masaceio）画的《耶稣门徒犹大的故事》。他将犹大走路时形成的阴影画成透明的，通过覆盖在路边信徒的身上来表达圣经中曾经描述过的神迹：犹大经过的地方，路边虔诚信徒的顽疾会不治而愈。

(a)　　　　　　　　　　　(b)

图 5.8　正午的教堂（乔治·德·基里科）（a）；圣徒犹大用他的阴影治愈门徒的故事（马萨乔）（b）

尽管全影能提供目标的运动信息，雅各布森和沃纳认为这一信息很难在绘图中被表现出来，因而全影在绘画中是可有可无的（expendable）[19]。

类似的，在人工智能和计算机视觉领域，基于静态阴影的研究相对多些，但基于阴影的变化来估计目标的距离、形状、运动速度等的文章则少了很多。考虑到它能提供丰富的辅助信息，相信未来会有更多的学者会把动态阴影的分析加入人工智能的研究中。

人工智能战争下的仿生与阴影

阴影对自然界的生物也很重要。以昆虫为例，多数昆虫的背壳往往比其腹部要黑得多。当其停在某处时，暗的背壳朝外，更靠近光，形成的阴影可以有效掩盖其腹部体征。按格式塔统一论，在这种情况下，昆虫就变成一个整体，其立体感消失，变得完全不像一个固体的、三维的"东西"，从而达到伪装的效果[20]。

这一特性实际上也可以为军事领域的间谍和窃听昆虫所利用。尤其在不久的将来，随着人工智能研究的快速发展，未来仿生机器人的体积将会更加微型化。

那么，要发现这类仿生机器人，最直接的办法就是设法还原甚至放大其原有的立体感。一个简单的办法就是利用光线的变化来主动重建阴影。本人常受蚊虫困扰，不堪之余就会用强光手电筒来寻找隐藏在床角、椅凳下的蚊子，屡试不爽。原因也简单，强光能破坏蚊子的"阴影"，还原其立体结构，甚至可以放大蚊子的尺寸。同时，通过变化强光的角度，能反向形成蚊子阴影的伪"运动"，从而使蚊子无所遁形。成功消灭蚊子的时候，偶尔也会想想，如果能将其重建阴影和阴影运动的过程自动化，说不定就能用于未来人工智能战争下的反窃听、反侦察。这种方法的好处是不用增加昂贵且复杂的设备，简单易行，而随后的微小目标识别只需用常规的目标检测技术即可实现。

不难看出，阴影对人类的认知和人工智能都有着很重要的作用，但要利用好它却并非易事。除了阴影外，还有什么简单因素，也会让爱犯错的智能体继续犯错呢？

三⑥ 外国的月亮比较圆

每逢中秋佳节，和家人一起一边赏月，一边吃着五仁月饼，真是其乐融融。赏月的时候，有时会禁不住想起这句"外国的月亮比较圆"，然后会引申出各种崇洋媚外的批判感悟。

到底是不是外国的月亮比较圆呢？2015年9月27日中秋节，广东天文学会就指出，当年那天的中秋月会与超级月亮和月全食现象相继出现，会出现平均九年一次的最大最圆的中秋月①。不过遗憾的是，只有南美洲、北美洲东部和非洲西部能看到月全食并欣赏最大红月亮，而在中国则无法看到。那一天，外国的月亮又圆又大。

但在多数情况下，月亮到地球的距离从不同地点来看差异不大，不管是用经纬仪测量还是拍照后比较，月亮的大小除了轻微的物理变化外，相差无几。视觉上产生这种感觉只是心理因素而已。

月亮错觉

虽然"外国的月亮比较圆"并不成立，但在月升月落之间，人对月亮

①　2015年9月28日出现了超级月亮。超级月亮是指月球围绕地球运行至近地点时的状态，从地球上看，月亮要大一些，且亮度要比普通月亮高30%。而9月28日上午10时左右还出现了月全食。此现象发生于月球、地球和太阳刚好完全在一条直线时。由于地球遮挡太阳光线的原因，月亮会完全进入地球的影子，呈现红月亮的样子。而2015年9月27日则是中秋节。

大小的心理感知确实存在差异。最明显的例子是，月亮在地平线上会比悬在天空看上去更大一些，这俗称"月亮错觉"（moon illusion）。虽然这并非真正的月亮大小问题，但这种心理感受的大小差异仍是一个未解之谜。

追踪下文献不难发现，感受过、研究过"月亮错觉"的人还真不少。对国人来说，曾记录过这一感受的首推哲学家王阳明。他在 1484 年 12 岁的时候写过一首很有名的小诗，《蔽月山房》。这首诗就记录了他对月亮错觉的感受。

> 山近月远觉月小，便道此山大于月。
>
> 若有人眼大如天，当见山高月更阔。

而国外则对这一现象有着长期的分析和思考，最早可以追溯到公元前 4 世纪。希腊著名哲学家亚里士多德曾记录过，他认为"月亮在地平线比天上大"是因为地球的大气起到了放大的作用，导致人眼产生了感知错觉 [21]。

基于距离远近理论的最早解释是克莱奥迈季斯（Cleomedes）在大约公元 200 年时提出的 [21]。他认为地平线上的月亮大是因为其看上去显得更远。在地平线的角度上，人能够参照其他物体的大小来感受月亮的大小。而在天顶时，则没有其他参照物可以借用，于是就会觉得天上的月亮离地球要近一些，因而会觉得比地平线上的月亮更小。

1813 年，叔本华（Schopenhauer）认为这种错觉是大脑的行为而非光学原因。他认为大脑的直觉感知理解，会把水平角度的每一个目标都"看"得比垂直方向的更遥远，因而会觉得更大。

1962 年两位科学家考夫曼（Kaufman）和罗克（Rock）进行了一个重要的实验，验证了月亮错觉模式与距离之间的关系，称为"庞邹错觉"（Ponzo illusion），如图 6.1 所示 [21]。从图 6.1 可以看出，当目标具有相同大小，但放在更远处时，随着视角的变窄或靠近消逝点，远处的目标会显得更大。

举例来说，如果将两个相同大小的苹果分别放置在 5m 和 10m 的位置，后者的视角感觉比前者小一半，但感觉上不会觉得后者的尺寸小一半，而会是相同大小。相反，如果更远的目标与近的目标具有相同的视角，则视觉上会感觉前者是后者的两倍。

另一种解释是相对尺寸假设，如图 6.1 所示。月亮在地平线时，其邻近的目标往往能展示更精致的细节，使得月亮看上去显得更大。相反，天顶的月亮会被大范围空的空间包围着，因而显得更小。这个效果又被称为"艾宾浩斯错觉"（Ebbinghaus illusion）①。

基于这样的感觉，有些科学家认为"地平线上的月亮看上去大是因为其感受的视角尺寸或物理尺寸更大，或两者均有"。

然而，基于距离理论的不足在于，尽管大多数人会认为地平线上的月亮既大又比天顶的月亮近，大约还有 5% 的人会觉得地平线上的月亮既大又远，还有一些人认为距离相同但地平线上的月亮更大，还有一些人完全没有月亮错觉 [21]。

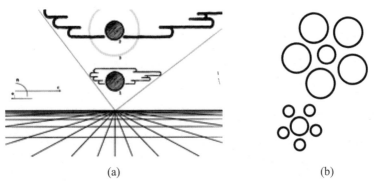

(a)   (b)

图 6.1　（a）月亮错觉：相同大小的目标，由于视角的原因，远处的会显得更大；
　　　　（b）艾宾浩斯错觉：受邻近环境影响，精致细节的环境会使得月亮显得更大，而天空空空如也的环境则会让月亮显得更小。

---

① 德国心理学家 H. 艾宾浩斯 (H. Ebbinghaus) 还有一个著名的艾宾浩斯遗忘曲线，描述了学习新事物遗忘的规律。比如背单词，要防止忘记，就可以按这个遗忘曲线来增强记忆。

为了探寻真谛，赫汉森（Hershenson）在 1989 年主编了一本书《月球错觉的神秘》[21]。该书用 24 章 288 页，详细介绍了不同错觉研究者从不同角度给出的解释。然而没有形成一致结论，也没有终结对月亮视觉大小差异的疑问。

人工智能中的透视问题

如果把月亮大小的感觉看成是与心理因素相关的透视问题，那么需要说明的是，这种心理原因导致的透视错觉，目前还没有什么好的理论和算法去量化成计算机程序并实现。但在客观存在的透视问题上，研究就多多了，因为客观的透视在很多计算机视觉、图像处理领域的实际应用中都有着重要的作用，而这些应用又直接影响了人工智能的相关研究。

比如人群计数研究 [22-23]。人群数量能否准确预测，对于安防、旅游景点和地铁应急疏散、商场商品的位置摆放等都有着关键的作用。但要想有效估计人群数量，又并非容易的事情。用手机来监控的话，全球定位系统（global positioning system，GPS）定位信息的漂移现象往往会显著影响计数性能。尤其在开放环境下（如上海外滩）的人群计数，周边办公大楼的信号都可能导致误估。而场馆内则会出现 GPS 信号丢失的问题。有人也尝试用无线路由器的信号来监控馆内人群，但精度上无法保证。更合理的方式是通过摄像机来获取图像，并对图像或视频中的人群进行计数。不过，摄像头的角度设置是有讲究的。垂直角度如无人机，可避免人与人的遮挡，但电池的待机时间存在问题，而烧燃油的又不是一般部门能用的，且噪声巨大；近景的如安装在公交车站上车处的，则会因为前面的人在视频中占的比例太大，导致视频范围内可以计数的人变得很少，实用价值降低。中等角度如安置在楼宇屋顶的，可观察的角度相对来说更好些，适合于较稠密的人群计数。但由于摄像机的角度问题，远近人群在图像中的比例会因透视而发生改变（图 6.2），如果不纠正透视角，则可能会影响随后的计数性能。这是客观透视的一个应用。

另外，在交通领域，大货车的侧方盲区和尾部一直是马路致死率很高的问题。为减少它的影响，一些国家强制要求在大货车两侧安装广角镜，比较先进的广角镜还能把盲区的视频信息返送回驾驶室内。但由于广角镜透视变形的原因，离广角镜较远的区域会比较近的区域在镜子上得到更大的视角压缩，因此，驾驶员容易对行人和非机动车驾驶员离车辆的远近、运动速度产生误判。此时，就需要有相应的算法来帮助还原真实的距离和运动速度了，以减少不必要的风险。

除此以外，在计算机视觉领域还有人研究基于图像的测距问题。这一问题在智能手机流行后似乎研究意义更大了。科学家们希望能对给定的图像或视频，不依赖于真实的测量仪（如米尺）就能直接测量出图中的目标尺寸和目标间的相互距离[24-25]。这一研究，显然也涉及透视关系以及透视意义下的比例问题求解（图 6.3）。

 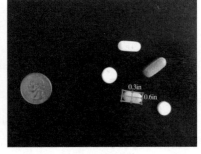

图 6.2　人群计数中的透视问题[22]　　图 6.3　基于图像的测距研究示例[25]
此图由安装在五层楼高度的摄像机拍　　　（1in=0.0254m）
摄，对远近的人的大小有透视变形

透视角度对心境的影响

情绪、情感对人工智能的研究至关重要，因为它关系到是否能真正通过计算机模拟出一个真正像人的机器，而非看上去像。那么，如何形成、在哪里能形成这种情绪、情感就需要仔细思考了。

透视角度的选择对心境能表现出很复杂的影响，尤其在高层语义上。所以，画家对于透视角度的选择看得很重，因为它影响了人们评判绘画作品的美感。要让人工智能像人类一样能创作，攻破艺术这个关口，可能也得好好研究一下透视对心境的影响。

我们不妨回顾一下人工智能科普奇书《哥德尔，艾舍尔，巴赫——集异璧之大成》[26]中提到的一位荷兰画家莫里茨·科内利斯·艾舍尔（M.C. Escher）的创作经历，以及他对透视的运用。

学画都是从临摹开始的。后来，艾舍尔为了能让自己的绘画有与众不同的感受，他对透视角有过非常深的思考。这能从他不同时期的绘画作品中窥其堂奥。

最初，他喜欢去山顶绘画，希望得到俯瞰视角下的景色描绘；后来，他改成了从窗户往外看，窗内窗外的透视又形成了一组奇特视角的画，如其1937年那件著名的将画中的街道和自己的

(a)　　　　　　　　　　(b)

图 6.4　窗内视角的木刻《静物和街景》（a）；艾舍尔的版画《手持球面镜》（b）

书桌糅为一体的木刻作品《静物和街景》（图 6.4（a））以及 1935 年的自画像——《手持球面镜》（图 6.4（b））。有了自画像后，他似乎找到了循环，便有了许多与循环相关的杰作。对透视角的不断深思，最终让他成为了以

"不可能图形"而闻名的一代名画家。

透视角不仅能影响审美，产生奇妙的美感，它也能制造恐惧。在 2018 年最新上映的韩国恐怖片《昆池岩》，导演别出心裁地采用了"第一"视角的方式拍摄。电影中，6 名演员均在胸前安装了两个运动相机，一个对着自己脸部，一个对着自己观测的环境。由于镜头与人脸的距离非常近，对着自己脸部的相机让演员的脸产生了明显的拉伸变形。因为变形后的脸与正常脸有明显的差异，无形中将人的表情尤其是惊悚的表情放大了，使得电影的恐怖感一下就上升几个级别。这是透视角度对人内在情绪的影响。因

图 6.5　柯尼斯卷毛猫近景照

为过于恐怖，我就换张类似的图给大家感受一下好了（图 6.5）。

所以，透视对人在心理、距离、情绪等方面都有着重要的影响，也有着与人工智能相关的许多实际应用。可是，要解开透视中的谜团，尤其是主观透视现象，将其体现到人工智能的算法中，还是路漫漫其修远兮。

复杂视
觉错觉

三 ① 眼中的黎曼流形与距离错觉

> 导读：本篇介绍的内容与 2018 年轰动一时的黎曼猜想"破解"新闻无关，是想探讨一下黎曼主攻的几何学与人工智能的关系，是讨论视觉中的距离错觉。

2018 年 9 月 24 日中秋节这天，朋友圈在疯传黎曼猜想被破解的消息：官科[①]、拿过菲尔兹奖和阿贝尔奖，但已年近 90 的数学家迈克尔·阿蒂亚贴出了其证明。因为黎曼猜想是一百多年前数学家希尔伯特列出的 23 个数学最难问题之一，也是现今克雷数学研究所悬赏的世界七大数学难题之一；因为它可能揭示素数的分布规律，也因为可能影响现有密码学的研究，大家都很亢奋。不过从众多评论来看，这个尝试可能不得不遗憾地说不是太成功。但考虑到阿蒂亚年事已高，估计没谁敢当面驳他。尽管如此，老先生老骥伏枥、志在千里的钻研精神还是值得我辈学习的。

作为此猜想的提出者，黎曼可能压根也没想到自己的猜想能对 100 多年后的密码学有所帮助。因为研究素数在"科学的皇后"——数学里被认为是最纯的数学，是与应用毫无关系的数学。这种纯性让数论成为了"数学的皇后"。所以，正常情况下，数学的鄙视链是不允许他去推测素数分布

---

① 官科：是与"民科"一词相对而言，指在大学、研究所等科研机构任科研职位的科研人员。

在密码学中的应用的。据说，站在数学鄙视链顶端的纯数学研究者，通常是看不起学应用数学的；而学应用数学的，会看不起学统计的。在人工智能热潮下，学统计的又看不起研究机器学习的；而学机器学习的会看不起做多媒体的；而做多媒体的又看不起做数据库的。纯做密码学研究的，鄙视链应该在应用数学与机器学习方向之间，哪会被才高八斗的黎曼看上？

能看上黎曼的自然也是大牛，当年是德国数学家高斯看中了他并很欣赏他的几何学观点。今天要讲的也不是黎曼猜想，而是黎曼的几何学观点与人工智能的关系。

当年，黎曼申请来到哥廷根大学做无薪讲师，就是学校不提供固定薪水，讲了课才有薪水的教师。初来乍到，来场学术报告是必需的。当时的学术委员会从黎曼推荐的 3 个选题中选了 1 个他最意外的题目，要他以"关于几何学的基本假设"为主题来作就职报告。

那个时候，公元前 3 世纪希腊亚历山大里亚学派的创始者欧几里得编写的数学巨著《几何原本》中的 5 条公设中，连大猩猩都很痛恨的第五公设，就是"平行线没有香蕉（不相交）"的第五公设，已经于 1830 年被罗伯切夫斯基证明不成立。他认为在一个平面上，过已知直线外一点至少有两条直线与该直线不相交。由此开创了非欧几里得几何，虽然他的理论在其去世后 12 年才逐渐被认可。而黎曼开创的非欧几何则断言，在平面上，任何两条直线都必然相交。他们的发现，最终奠定了非欧几何的数学基础。直观来说，就是以前以为是可以用直线测量准确距离的世界，现在居然要弯了。

既然弯了，那就很容易相交。比如从篮球的顶部到底部，让蚂蚁沿着表面爬，它只能爬出曲线，且总是相交的。在这个篮球曲面上测得的距离就只能是曲线的长度，这条曲线称为测地线（geodesic）。

在黎曼用了 7 周时间准备的报告中，他希望在能用直线测距离的欧氏空间和不能用直线测的非欧空间之间找到合理的衔接。于是，他假定非欧空间可以由好几个局部欧氏空间拼接而成的，提出了多个（英文的前缀是mani）折或层（英文的词根是fold）的概念，即流形（manifold，对应的德语是mannigfaltigkeit）。简单且不严格来说，就是流形可以用一块块的小黏土以任意形式粘在一起来表征，但每块局部的黏土又跟我们常见的欧氏空间是一致的，如图7.1所示。至于相邻黏土块之间的连接关系，则要把连续性、光滑性、可微性、抽象性等众多深奥概念考虑进来，这样便成了多数人只能看懂目录的微分流形。

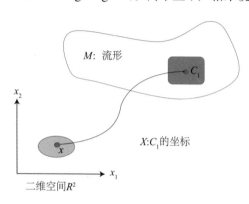

图 7.1 局部欧氏与黎曼流形：二维流形或曲面 M 上的一个局部 C_1（蓝色区域）与欧氏空间中的黄色区域等价

后来，爱因斯坦知道后，如获至宝。便找了当年他提出狭义相对论时涉及的"洛伦兹变换"的提出者、数学家洛伦兹本人，请他帮助学习微分流形基础。在洛伦兹的帮助下，最终爱因斯坦基于加速度下的不变性原理提出了广义相对论，将牛顿提出的万有引力归结为弯曲空间的外在表现，开启宇观领域的物理学研究。

不过，那个时候，计算机还没诞生，也没人会意识到黎曼提出的流形与人工智能有什么关系。

感知的流形方式

回到人的智力发育上讨论这一关系的存在性。儿童在发育过程中，空间感是逐渐形成的。在他学习观察世界的过程中，一个需要扫除的认知障碍是遮挡。有心理学家做过实验，在小孩面前放一个屏障，然后将小孩面前的玩具移到屏障后，小孩会感觉很吃惊，却不会绕到屏障后去寻找玩具。这说明在发育的初始阶段，小孩缺乏对三维空间尤其是空间深度的理解。要经过一段时间后，他的这种空间障碍才会消除，对物体空间能力的辨识也明显加强。

过了这个阶段后，就可以给小朋友看一张有趣的测试图，如图 7.2 所示。放一个奇形怪状的积木，然后给几个不同旋转角度的形状，其中一个或多个是该积木旋转后的真实图像，也有不是的，让小朋友自己去判断和识别哪些是原来的积木旋转过来的。令人惊奇地是，小朋友慢慢都会学会如何处理这种旋转，并能准确判断。这种旋转不变性能力的获得，在格式塔心理学中有过相应的观

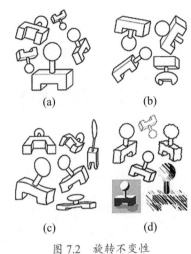

图 7.2　旋转不变性

察和描述。该现象似乎在告诉我们，人的大脑能对每一个见到的物品进行自动的旋转。

那么，人是如何记忆这些见过的物品，并实现自动旋转的呢？格式塔心理学中没有给出终极答案。

而认知心理学则对记忆给了一种可能解释，叫原型说（prototype），即某个概念都会以原型的形式存储在记忆中，神经心理学进一步给了假设性的支持，称记忆是存储在离散吸引子（discrete attractor）上。尽管这一解释维持了相当长的时间，但并没有就为什么大脑可以实现自动旋转给出圆满答案。

2000 年，宾州大学教授塞巴斯蒂安·商（Sebastian Seung）和丹尼尔·李（Daniel Lee）在 *Science*（《科学》）上发表了一篇论文[27]。他们认为人是以

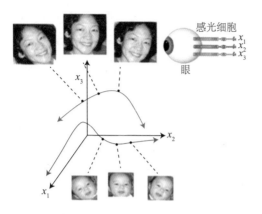

图 7.3　母亲和小孩的流形感知方式，假定眼睛只有 3 个视神经元，母亲小孩均只有一个自由度，即左右转头[27]

流形方式来记忆的。以视觉感知为例，假定人的视网膜只有 3 个视神经元，不考虑颜色的变化，每个神经元能感受一定的光强变化，那么看到一位母亲的人脸后，视神经元上会有 3 个响应。如果 3 个视神经元是相互独立的，那就可以把每一个视神经元看成一个维度，就会有一个由 3 个维度张成的欧氏空间。如果把只是做了侧向角度变化的、母亲的照片读入这个空间，那 3 张图所示的图像在此空间会有何规律呢（图 7.3）？

理论上讲，如果只做了侧向角度变化，那这个变化就是 3 张图像的内在控制量。只有一个变量，但又不见得会是直线，所以，母亲的照片按角度的顺序连起来，就会是一条曲线。类似的，如果把小朋友侧向角度变化的照片也输进来，那同样在这个三维空间会是一条曲线。但可能与母亲的不在同一条曲线上。如果这个假设成立，那记忆就可能是沿着这两条不同的曲线来分别还原和生成不同角度的母亲和小孩图像。这也就能部分解释，为什么人只用看陌生人一两眼，就能认出其在不同角度时的面容。

如果再进一步，假设母亲小孩有两个自由度的变化，如左右、上下角度的变化，那这两个维度的变化在三维空间上可以张成无数条曲线的合集，即曲面。在流形的术语中，曲线可以称为一维流形，而曲面则为二维流形。

如果假定变化再丰富点，比如角度的变化有上下角度、左右角度；还有表情的变化、真实和细微的微表情、光照的变化、年龄的变化等诸如此类的，我们把这些变化的维度称为人脸变化的内在维度，是真正需要记忆的。相比较于人眼里上亿的视神经元总数来说，这些内在维度可以张成的空间比上亿维神经元张成的空间要小很多。我们便可以在曲面的名字上再加个"超"字来刻画，叫超曲面，也称为低维流形。考虑到输入进来的信息是通过神经元的，所以，又称其为嵌套在高维空间（视神经元空间）的低维流形。

与经典的原型学说的主要不同在于，假设用于记忆的离散吸引子能被替换成连续吸引子（图 7.4），于是存储在大脑里的原型便不再是一个点，而可能是一条曲线、一个曲面甚至超曲面。视觉看到的任何内容，都会从不同途径收敛到这个连续吸引子上，并在此吸引子上实现对不同角度和不同内在维度的外推。这在某种意义上既解释记忆的方式，又能部分解释自动旋转问题。因此，黎曼流形的构造有可能解决格式塔心理学中提及的"旋转不变性"问题。

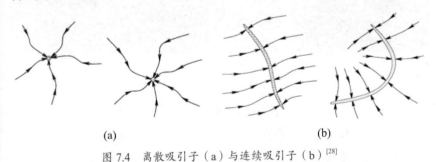

(a)   (b)

图 7.4　离散吸引子（a）与连续吸引子（b）[28]

那能否让计算机也实现类似的自我旋转或推理能力呢？如果能实现，也许就往人工智能方向迈进了一小步。

流形学习的研究

以人脸为例，先看最初的人脸识别技术。早期的做法是遵循欧氏空间距离，按最短直线距离来评判。这样做的不足是没有处理好不同角度、不同光照的人脸识别。试想想，如图 7.5 所示的两个木偶，左边图和中间的木偶是两个不同角度的同一木偶，中间和右边的木偶是均为正面的两个不同木偶。假如识别是基于相同像素位置的光强差异平方总和的最小值来实现，那么哪两张会更近呢？显然相同角度的中间木偶与右边木偶距离会更近。这就是欧氏距离直接用于人脸识别和目标识别的不足。

图 7.5　两个木偶的人脸在不同角度下的示意图

为什么计算机没有人脑的旋转不变性呢？图 7.6 显示了一组人脸在摄像机前仅进行平移而保持其他性质不变的图像集 [29]。如果把每个像素视为一个维度，则每张照片可视为高维空间的点，而多次采集的多个人的照片集合就是该空间的点云。通过某些简单的统计策略总结出前 3 个主要的维数，再将点云投影到这个三维空间并两两描绘出来，便有了图 7.6 的曲线图。

不难发现，只控制了角度旋转的图像序列变成了一条又一条的曲线，这正是我们上面讨论的曲线，即一维流形。实际上，如果限定采集时的变量为人脸到摄像机前的远近变化，结果也是一样。这一实验部分印证了人脸图像的内在控制变量是低的，有物理意义的。因此，如果希望计算机能对不同角度的人脸有合理的推测功能，并还原格式塔心理学中的旋转不变性时，找到流形结构并依照它的规则来办事就很自然了。

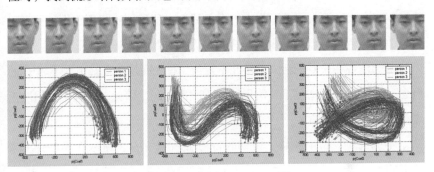

图 7.6　人脸内在维度示例 [29]

但是，数据形成的流形结构并非只有曲线一种情况，它可能会有如图 7.7 所示的瑞士卷的复杂结构。它可能还不止一个，比如两个卷在一起的双螺旋线。那么，要想利用经典又好用的欧氏距离来解决问题，可行的方案之一就是把它们摊平或拉平，这样，我们待分析的数据所处的空间就是欧氏空间了。于是，有大量的流形学习的工作便在此基础上展开了。

(a)　　　　　　　　　　　　　　(b)

图 7.7　各种复杂的流形结构

（a）瑞士卷（Swissroll）；（b）双螺旋线

最经典的两篇文章与《流形的感知方式》几乎同时于 2000 年发表在 *Science*（《科学》）上。因为计算机科学的工作很少有在 *Science* 上发表的，能发表在上面，则有可能引导大方向的研究。所以，这三项工作被视为引领了 2000 年后流形学习发展的奠基之作[27,30-31]。

其想法现在来看的话，其实并不复杂。首先两篇文章都引入了邻域 的概念，也就是局部情况下，流形等同于欧氏空间，因此，短程距离用欧氏度量来计算是合理的。

不同的是，特南鲍姆（Tenenbaum）的工作是从测地线距离的计算来考虑的。

试想如果有一张纸，纸上有 3 个点，A、B 和 C，AB 比 AC 在纸面上更近。但如果把纸弯成图 7.8（a）的形状，再按直线距离来计算时，AC 就会更近。但按流形的定义，AC 这条路径是不能出现的，因为这个纸就是一个空间，是一个不能为蚂蚁逃脱的二维空间。因此，更合理的计算方式是把图 7.8（c）的蓝色曲线长度，即测地线（geodesic）精确算出来。

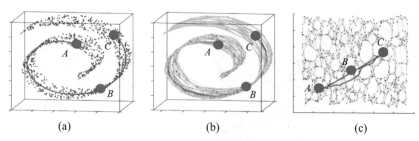

(a)　　　　　　　　　(b)　　　　　　　　　(c)

图 7.8　测地线距离和局部等度规（Isomap）算法[30]

但测地线是在连续意义上定义的，要根据离散的数据点来算的话，特南鲍姆等找了个平衡，提出了基于图距离（graph distance）的局部等度规算法。他们假定邻域内的点与点之间相连的距离都等于 1，邻域以外的距离都强设为 0。因为流形可以由若干个小的邻域来粘合构成，而相邻的邻域总会有部分的重叠，那么，如果把所有距离为1的都连条边出来，则原来的数据点就构成了一张连通图。而远点的距离或者所谓的测地线距离，就可以通过连通的边的最短距离来近似了，如图7.8（b）所示。于是，就可以为所有的点建立一个相似性或距离矩阵。有了这个矩阵，再通过统计方法就能找到其主要的几个方向了，即摊平的低维子空间，如图7.8（c）所示，蓝色的测地线距离就与红色的图距离近似相等了。

而罗维斯（Roweis）和洛尔（Laul）当时则从另一角度来尝试恢复这个平坦的空间。他假定邻域内的数据点会相互保持一种几何关系，关系的紧密程度由权重来决定，权重的总和等于1。同时，他假定这个权重诱导的关系在平坦空间会与观测的空间保持一致，即局部结构不变。当然，还得防止数据在还原到低维的平坦空间时不至于坍缩至一点去。基于这些假设，很自然地就把优化方程写了出来，并获得了不用迭代求解的直接或闭式解，即局部线性嵌入算法，如图7.9所示。

算法比较直白，但两篇文章都发现了类似于图7.3和图7.4的现象，即约简到二维平面后，数据的分布具有物理意义。比如，手旋转杯的动作会沿水平方向连续变化，人脸图像的姿态和表情会在两个垂直的轴上分别连续变化。而这种情况，以前的算法似乎是找不到的。除此以外，这两篇文章的成

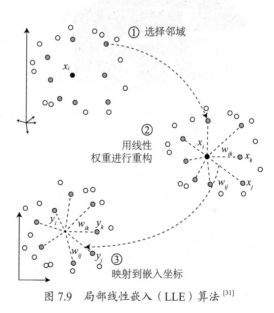

图 7.9　局部线性嵌入（LLE）算法 [31]

果还很好地与"感知的流形方式"吻合了。

还有一点，邻域的大小决定了流形的表现。按几何学大牛斯皮瓦克（Spivak）的说法，邻域如果和整个欧氏空间一样大，那欧氏空间本身就是流形[32]。所以，流形学习的研究并非是一个很特殊、很小众的方向，它是对常规欧氏空间下研究问题的一般性推广。

于是，从 2000 年开始，国内外对流形学习的研究进入了高潮，希望能找到更有效的发现低维平坦空间的方法。比如希望保持在投影到平坦空间后三点之间角度不变的保角算法、希望保持二阶光滑性不变或曲面光滑性保持的海森方法、希望保持曲面长宽比不变的最大方差展开方法、希望保持局部权重比不变的拉普拉斯算法等。不管何种方法，都在尝试还原或保持流形的某一种性质。也有考虑数据本身有噪声导致结构易被误导的，比如我们经常在星际旅行中提到的虫洞现象，如图 7.10。它可以将原本隔得很远的两个位置瞬间拉近。在数据分析中，称虫洞为捷径或短路边（shortcut），它是需要避免的，不然会导致还原的空间是不正常甚至错误的。

图 7.10　当数据存在噪声时，容易将图 7.8 中的 A 和 C 连接而形成类似于科幻小说中星际穿越用的虫洞，或流形学习中的短路边（shortcut）问题

除了找空间外，流形的一些性质也被自然地作为约束条件加入到各种人工智能或机器学习的优化算法里。即使是现在盛行的深度学习研究中，流形的概念也被很时髦地引入进来。如生成对抗网在 2014 年最初提出的时候，杨立昆（Yann LeCun）就指出希望对抗的数据处在数据

流形中能量相对高的位置，而真实数据则位于流形能量相对低的位置，这样就有可能让生成对抗网获得更好的判别能力 [33]（图 7.11）。

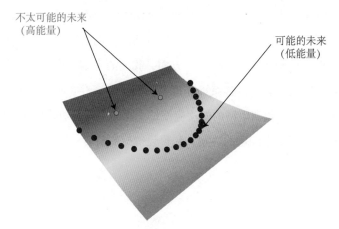

不太可能的未来
（高能量）

可能的未来
（低能量）

图 7.11　生成对抗网中的流形与能量，假设此曲面位于三维坐标系里 [33]

流形学习的思考

虽然流形学习在认知、机器学习方面都有很好的可解释性，不过这几年随着深度学习的盛行，与它相关的文献在相对分量上减少了许多。一个原因是，由于这一波人工智能的热潮主要是从产业界开始的，而产业界对预测的重视程度远高于可解释性。所以，不管学术界还是产业界都把重心放到如何优化深度学习模型的结构和参数去了。然而正如我在附录文章中强调的，过分关心预测性能的同时，必然会牺牲可解释性。因为前者关心个例，后者需要统计。两者是一个矛盾体，类似于测不准定理中的速度和位置的关系。从目前的情况来看，牺牲的可能还不止流形学习这一种具有可解释性的方法。尽管大家在讨论数据的时候，还会时不时说起流形，但最多也只是扔个概念出来，并没有太多实质性的融入。

再回到人的大脑来看，虽然之前也提到了流形的感知方式，但是否存在实证还不是完全明确，Seung 和 Lee 也只是做了些间接的推测。一方面，是测量技术的不足。因为现在都是采用脑电波（electroencephalogram，EEG）或功能性磁共振成像（functional magnetic resonance imagine，fMRI）技术来检测大脑信号的，本身就缺乏这种连续性的关联，要寻找大脑中是否存在流形记忆确实有难度。另一方面，我们的大脑里面真有一个弯曲的流形记忆空间吗？真是以连续而非离散吸引子形式存在吗？如果是的，那与现在深度学习的预测模型的做法应该是不同的，其差别就如同飞机和鸟。

也许，找寻这个问题的答案，和黎曼猜想的破解一样困难。

三⑧ 由粗到细、大范围优先的视觉

第一次睁眼的时候，我还在娘胎，仿佛看到了一片红色，然后我又继续睡了；第二次睁眼时，已是出院的时候，我被母亲抱着坐在三轮车上，我看到一位白大褂医生站在一个拱形的门前向我们招手。

人的记忆是非常奇妙的。有时候记忆可能是先存储，再被自己重新分析的；也可能完全是错乱不可靠的，但通过不断的心理暗示加强后，结果自己都信了，如同引文中描述的一样。未出生的胎儿怎么会看到颜色，又怎么知道颜色是哪种呢？

不过新生儿在初始所能看见的，只是一片完全模糊不清的世界。原因有两个，一是眼睛的发育虽然已经基本完成，但眼球前后径仍较短，晶状体的调节功能还没达到最优，视力只有成人的1/30，视角只有45°。二是大脑在此时还处在一个类似刚买回来的计算机主机状态，除了安装了后面会定期自动升级但几乎不会蓝屏的神奇操作系统外，应用程序还很少，硬盘也几乎是空的。因此，大脑还无法及时和准确处理从视觉神经元输送过来的信息，也无法从模糊的视觉信息中生成更清晰的"图像"。一切皆在学习的初级阶段。另外，人类的新生儿刚出生时是没有行动能力的。比如新生儿脖子的力量连头都撑不起，更不用说转动了。新生儿的四肢也根本不能支持其独立行动。这些都使得新生儿在刚出生时，只能看到、听到、学习到有限的信息。

发育到 1 个月左右时，听觉基本就发育成熟了，但视力仍然处在近视阶段。新生儿能看清物体的距离最多 15~30cm，而能集中注意力观察的时间不超过 5 秒。3~4 个月后，能看清的距离增加到 75cm，平均视力仍仅为 0.1。新生儿也能控制自己的头的转动了，所以，能接收并可学习的信息量涨了不少。据统计，一般到 6~8 个月后，新生儿的视力才会和成人一样，能基本看清楚周围世界。但看到的内容，从现有的文献可知，只是一些外在轮廓的印象。正常情况下，儿童的视力在 5 周岁时发育完全，视力达到 1.0 或以上。

从进化角度来看，如果新生儿是独立在野外成长，这么缓慢的视力发育似乎不符合优胜劣汰原则。作为对比，小鹿生下来几小时内就得睁开眼睛、学会走路。所幸地是，与小鹿不同，人类新生儿的父母庇护能力要强大得多，所以新生儿不会立刻走路、眼睛一片朦胧也没关系。那么，这种视觉发育对人的智能有何益处呢？

当新生儿最初的视力非常弱时，多数情况下能看到的只有物体的整体结构，对细节的抓取和记忆能力并不具备。人工智能先驱马文·明斯基在他的书《情感机》中举过一个例子，弗朗西斯卡·阿塞拉（Francesca Acerra）等在 1999 年的文章中曾报道过："4 天大的新生儿看父母的脸的时间要长于陌生人，但如果母亲用头巾把头发的轮廓或头的外部轮廓遮盖后，则时间差异的现象就没有了"[34-35]。这间接说明了新生儿是以整体结构视觉为基础的。

另外，大脑的视觉中枢系统在建构的过程中，对相同目标的反复学习和再认识，应该多会以最初模糊知觉形成的认知原型为基础来提升，而不应建立在对先前经验的全盘否定上。随着视力的提高和大脑发育的继续完善，大脑会逐渐丰富各个认知原型的细节，从而获得对目标粒度更丰富的认识，直至稳定。这一视觉发育或多或少与认知心理学中常被提及的大范围优先理论相关，也与计算机视觉中常常用到的由粗到细（coarse-to-fine）框架很相似。

异曲同工：由粗到细与大范围优先

与近代知觉研究中占统治地位、强调视知觉过程是从局部到整体的初期特征分析的理论不同，"大范围优先"假设强调全局特征的认知要优于局部特征，最早是纳冯（Navon）于 1977 年提出来的 [36-37]。直观来说，就是"先看到森林，再看到树"。其观点通过一组认知实验进行了验证。粗略来讲，他将若干小的字母拼成一个大的字母，大小字母可以相同或不同，如图 8.1。

通过测试者对大小字母辨别反应时间的判断，他发现在多数情况下，辨识大字母的反应时（response time）要短于小字母。尽管在实验细节上，后来的研究形成了诸多的变化和新的发现，但并没有完全推翻 Navon 强调的"整体优先"观点。而对此现象的解释，众说纷纭。如有借鉴格式塔心理学的对称性、平行性、封闭性来解释整体认知性质的，而中科院院士、著名认知科学家陈霖也提出了"大范围优先"

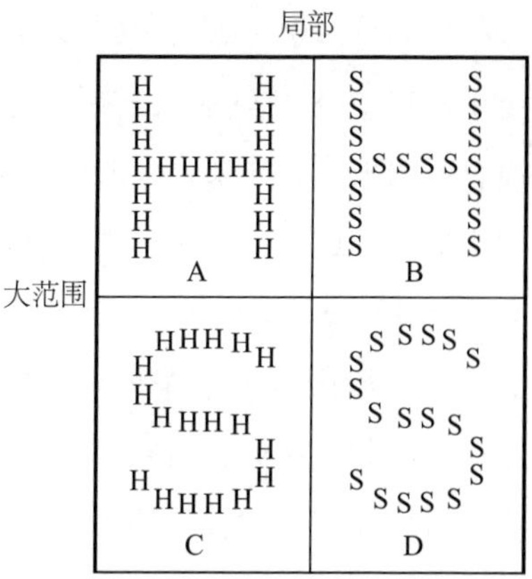

图 8.1　Navon 关于大范围优先假设使用的复合刺激图形 [37]

的拓扑性质初期知觉理论 [38]。但因为某些情况下小范围也具有这种性质，目前似乎还没有令大家都满意的答案。

不过，如果从视觉发育的角度来看，这种大范围优先的策略也许多少与人类的视觉发育机制有些关系。因为最初的弱视，人类只能看清楚目标的大致结构或轮廓，因此必须要根据这些结构或轮廓来形成对目标的辨识。试想当人类看到捕食者如豹子的时候，只根据轮廓这一整体特征就能快速辨识豹子，显然更便于人类避免危险。如果等他仔细把豹子的各项局部特征如纹理、脸部特征、毛发长短等分析完毕，再判定是否为豹子和决定要逃跑时，可能已悔之晚矣。另外，如果初始视力就是非常完善的，那么刚混沌初开的大脑可能会因接受的信息太多，无法处理，导致宕机；而且只看轮廓，大脑分析消耗的计算资源和能量都小，因此形成辨识的时间会短，更有利于生存和学习。因此，大范围优先的策略能帮助形成对目标的快速判断，而不需要大脑进行不必要的、深层次的分析。

无独有偶，计算机视觉或人工智能领域也有着异曲同工之妙的策略。

首先是由粗到细的策略。这一策略最早见于 20 世纪 90 年代初期的人脸检测算法中。那时，CPU[①] 刚刚到 486 的水平，想玩游戏都得拿个容量 1.2MB 的 8 寸软盘去复制，与现在算力和容量都很强大的计算机相比简直就弱极了。如果人脸图像分辨率稍微高点，就很难做到高效检测。要解决这一问题，1994 年美国伊利诺伊大学厄巴纳 - 香槟分校的杨（Yang）和黄（Huang）提出了由粗到细的方案 [39]，如图 8.2 所示。具体来说，就是先把人脸图像大小缩小至 1/64（长宽各 1/8，常称为 8 倍降采样）。缩小后的图像直接放大回原图大小的效果就是马赛克了。虽然是马赛克的图像，也看不清楚内容是什么，但从图像像素光强的分布来看，可以考虑规则"人脸的中心部位有 4 个格子（cell）具有基本一致的强度"。这一规则可以用于初筛潜在的人脸区域。再根据人脸上眼睛和嘴巴的固有关系，继续做进一步的筛查。完成候选区域筛查后，再回到原始大小的图像上，从选好的候选区域中根据原始像素来查找真正的人脸。由于降采样这一步将人脸缩小到了 1/64，且规则的搜索不需要执行复杂的浮点计算，于是，

——————————

① CPU: central processing unit, 中央处理器。

这一由粗到细的人脸检测算法，在当时算力很弱的环境下，也能非常高效地完成人脸检测任务。如果不考虑人类视力发育需要的时间，由粗到细和人的视觉感知中的整体到局部的策略是类似的，也可以看成是一种结构或大范围优先的策略。

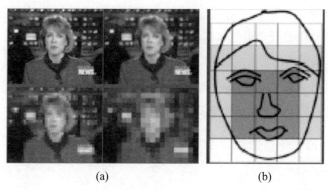

(a)　　　　　　　　　　(b)

图 8.2　由粗到细的人脸检测算法
（a）子采样效果；（b）人脸灰度规则 [39]

其次相关的是金字塔策略（图 8.3）。据说，金字塔在能量收集上有着神奇的效果。所以，计算机视觉和图像处理领域的科学家们也喜欢在处理计算机视觉任务时，用它来收集比单幅图像更多的能量信息。比如，在做图像压缩时，大家喜欢把图像缩小一半，然后再用原图减去缩小后插值放大的图，得到图像的残差信息。再把缩小的图继续缩小一半，然后与之前缩小的图相减，得到缩小图像的残差信息。迭代下去后，可以得到一组持续缩小的残差图像。因为每次图像都缩小一半，叠起来看的话，就像是一个金字塔。由于残差的像素灰度或强度值往往比较集中，所以就比较容易找到短的编码来刻画这些频繁出现的值，因而能帮助提高压缩编码的效率 [40]。还有将金字塔策略用于高阶特征抽取的，如深度学习之前流行的尺度不变特征变换（scale-invariance feature transform，SIFT）算子 [41] 和随后改进了速度的加速稳健特征（speeded up robust features，SURF）算子 [42]。

这两种算子都采用不同尺度的高斯（Gaussian）核来模糊图像，以提取不同尺度的特征。SIFT 算子是在金字塔式的图像上提取特征，而 SURF 算子则把特征提取算子本身做了金字塔。尽管没有涉及大范围优先的思想，但这两种多尺度的特征提取技术或多或少体现了由粗到细的思想。

即使现在人工智能中很流行的生成式对抗深度网络，也有研究人员不免俗套地将图像金字塔技术嫁接在该网络上，提出了金字塔生成对抗网，以便能生成更为精细的图像[43]。

这些都表明了由粗到细、整体与局部特征相结合、大范围优先的策略，在人工智能的多数相关应用中是有实际意义的。

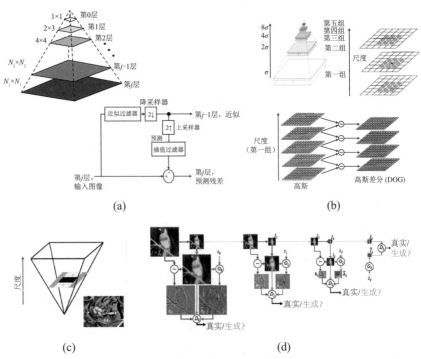

图 8.3　计算机视觉、图像处理中的金字塔策略

（a）图像压缩[40]；（b）SIFT 算子[41]；（c）SURF 算子[42]；（d）金字塔生成对抗网[43]

由细到粗和模糊的艺术

模糊到清晰是一种由粗到细，体现了大范围优先的思想。但如果反过来，从清晰到模糊，有时候会带来一些奇妙的错觉。人视觉的模糊程度不仅会影响认知，也会影响人对图像内容的评判，如图 8.4（a）。这张图中有两个人物，爱因斯坦和玛丽莲·梦露。不近视的人能看到爱因斯坦，近视的人戴眼镜看到的是爱因斯坦，取下眼镜看到的是梦露。而图 8.4（b）是一幅满是马赛克的照片。近视眼的同学不妨把眼镜取下来，仔细看看，是不是感觉图像变清楚了？

(a)　　　　　　　　　　　　(b)

图 8.4　爱因斯坦 / 玛丽莲·梦露（a）；低分辨率的合影照（b）

这都是因为取下眼镜后，人的大脑会对视觉系统输入的信息进行自动平滑。平滑后的图像就没有原马赛克图像那么明显的边缘，结果视觉上反而会觉得更清楚了。也许这种"平滑"处理有利于人类在行路中形成快速判断或**常识智能**方面的判断，而不必拘泥于路面的细节。

这种平滑不仅能让人类视觉产生"清晰"的错觉，有的时候它还能帮助提升目标识别的性能。举例来说，根据行人走路姿势来识别行人身份的研究。我们曾经发现，当把行人步态轮廓图缩小至 1/4 再放大时，其识别效果反而会比直接识别原图要好。后来我也和几个朋友交流过，他们发现在人脸识别中也存在类似的现象[44]。为什么把图像缩小再放大后，会帮助提升性能呢？我们给出的一种解释是，原始步态或人脸图像包含的噪声相对较多，缩小再放大需要经过一个插值平滑过程。有可能这个平滑过程帮助去除了图像中影响判别的噪声，因此导致识别性能提升了。但我们也只是猜想，最终也没有谁认真从理论上去分析过真正的原因。

除此以外，模糊的视觉能让人从不同的视角去看世界，它对艺术也是有重要贡献。据说法国印象派开创先河的领袖式人物莫奈是近视眼，于是画出来的油画都比较模糊。虽然模糊，却有不同的效果。如果摘下眼镜看他们的画，如印象派发展史上有领导地位的人物之一、法国画家皮埃尔-奥古斯特·雷诺阿于1876年创作的《煎饼磨坊的舞会》（图8.5），就能从平面图像中感受到强烈的立体感。所以，有人戏称，印象派是专属近视眼的独特风景。

图8.5　雷诺阿的《煎饼磨坊的舞会》

不难看出，视觉的发育是个有趣的过程。它影响了人的视知觉系统，影响了人在不断认识、学习和记忆事物的策略，甚至于大脑视觉中枢对原型的存储方式。它与认知心理学关心的大范围优先性可能也存在某种关联。理解视觉的发育，尤其是由粗到细的发育机制，也许就能更好地理解人工智能中的诸多谜之机制，如常识智能的形成。

三 ⑨ 抽象的颜色与高层认知

"这双鞋有色差，左边的比右边的深一点，你难道没发现吗"？我仔细看了半天，愣是没看出差别！不过，我还是陪着她就鞋子的色差一起去店老板那儿理论了一番，虽然心里有点虚。

颜色感知是视觉的基本功能之一，也是智能的基本元素之一。可是，颜色从何而来呢？为什么会有这些功能呢？它又是如何被认知的呢？

颜色的来源

众所周知，自然界中充斥着电磁波。按波长由短到长来划分，电磁波包括了伽马射线、X射线、紫外线、可见光、红外线、无线电波等。与整个电磁波谱近 10^{16} 级差的波长范围相比，可见光的波长只分布在380~760nm之间，简直是太"宅"了，如图9.1所示。而偏偏是这段窄得不能再窄的波谱，对人类的生存和智能发展却起了重要作用。为什么人类没有选择其他更宽的波谱来形成颜色视觉呢？

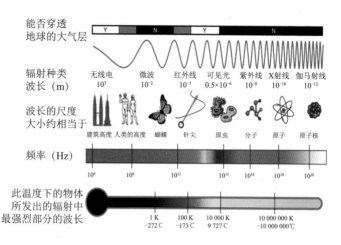

图 9.1　电磁波谱与可见光

　　一种解释是，虽然自然界的电磁波分布广泛，但由于大气的保护作用，如臭氧层吸收了大量对大多数生物有害的紫外线、大气中的二氧化碳吸收了大量的远红外线、水蒸气吸收了近红外和微波，最终能进入地球大气层并到达地面的太阳辐射便以可见光谱范围为主，如图 9.2 所示。而人类在演化

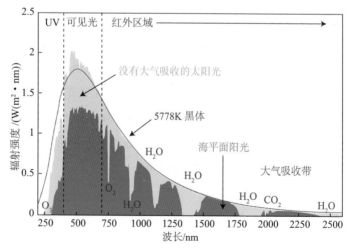

图 9.2　电磁波在进入地球大气后的分布

中就选择了能量最强的这段光谱来感知世界，所谓人择原理。这样有个好处，大脑不用分析和处理全部的电磁波谱，因而可以大幅度节省计算资源。然而，同样是电磁波，只是波长频率上的不同，为什么只有可见光能呈现颜色呢？

事实上这样表述也不是完全精准，因为不同物种感知电磁波的能力是不同的，感受的颜色也有细微差异。比如蜜蜂，据说由于复眼的原因，蜜蜂能感受更短波长即紫外线段的差异。结果，在蜜蜂的眼里，白色的花可能会有不同的颜色。这方便蜜蜂识别不同类型的白花，如图9.3所示。而众所周知，习惯夜里活动的响尾蛇则能通过位于眼睛和鼻孔之间的"热眼"感应到更长波段的红外线的强度变化，以此来区分活体与非活体。

图 9.3　蜜蜂与人眼中的世界

（a）人与蜜蜂视觉的差异；（b）人眼中的白花（左）与蜜蜂眼中的白花（右）[45]

不同于这两种动物，人类的颜色视觉感知范围都在 380~760nm 之间。按波长长短，粗分成了如彩虹的"红橙黄绿蓝靛紫"的颜色变化。国际照明协会甚至给出了无法通过其他颜色混合而成的相加三基色（图 9.4），即红、绿、蓝的精确波长定义，尽管每个基色实际都有一定的变化范围。考虑到打印、油画的颜色是通过反射感知的，它还给出了相减三基色（图 9.5），即青色、品红、黄色的定义。

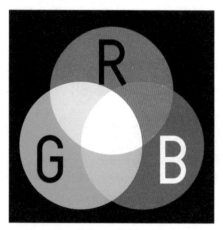

图 9.4 相加三基色
R—红色；G—绿色；B—蓝色

图 9.5 相减三基色
C—青色；M—品红；Y—黄色

不管如何定义，人类对颜色的感知方式基本是一致的。目前公认的是杨-赫姆霍兹（Young-Helmholtz）三原色学说，即认为视觉系统中存在对红、绿、蓝三基色光线特别敏感的 3 种视锥细胞或相应的 3 种感光色素。其他颜色的光线则作用于这 3 种视锥细胞并进行混色，并形成相应颜色的感觉。该学说解释了混色现象的原因，但还不能满意地说明色盲、补色现象、负后像等现象。类似的学说还有，也无法形成圆满解答。另外，视觉神经元对三基色的感知的敏感差异也基本相同。如主要负责蓝色感知的视蓝素，虽然总量少，却最为敏感。因为存在这些一致性，颜色感知才能有利于人类形成对世界大抵相同的认识、对物体的共同印象和概念、对情绪和心理的共同感受。

颜色的功能和错觉

如果人类只能感受光线的强弱，而无法感知颜色，那必然会少了不少能力和乐趣。正因为有了颜色的感知，人类在智能发展上才有了很大的提升。

第一个重要的提升是对目标识别能力的改善。随手拍张照片，如果换成黑白色，就会丢失不少结构信息，甚至彩色图像可能反映出来的深度信息也会损失不少。这是光强与颜色差异的区别。不仅如此，从视神经元的感受能力也能发现巨大的差异。人对光强度的分辨能力一般在 20 个灰度级左右，但对颜色的分辨力却能升高好几次数量级。这无形中拉大的目标或物体之间的区分度，为人类提高和加速识别目标提供了有利条件。

人类也把这一技术应用到计算机识别任务上。如 AlphaGo 直接把围棋的棋盘视为颜色在棋盘上的分布，并根据分布来判断每一个棋盘的输赢。人类还把这一技术用到原本不可见的光谱上，如机场的 X 线机，帮助更有效地分辨危险物品。甚至用于声波反射构成的医疗图像上，如给 B 超图像着色，形成伪彩色，以提高医疗诊断的可辨识能力和有效性。

值得指出的是，颜色分辨能力在男女之间有着明显的差别。男性对颜色的敏感程度，从平均意义上来讲，要远低于女性。打个不恰当、夸张的比方，男性能认全彩虹里的"红橙黄绿蓝靛紫"就不错了，女性却可能认识上千种颜色。不信的话，女性同胞们可以把图 9.6 中不同种类的口红颜色让男性朋友辨别下。

不过颜色认得少也不见得全是坏事，比如怕"鬼"的多是女性，有可能就与颜色看得太多、容易产生的联想更丰富有关。为什么要在智能体上形成性别差异明显的颜色感知呢？

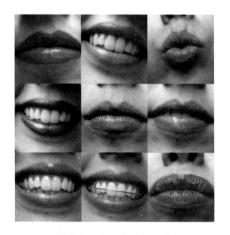

图 9.6 不同种类的口红

有一点可以肯定的是，颜色会影响人类情感的表达，甚至影响心理的反应。不然，买那么多种口红就没意义了。事实上，某些颜色还会导致血压的升高、加速新陈代谢和导致眼睛疲劳。比如红色会让人感觉激动，蓝色会让人心情平静，白色则象征纯洁。不同的色彩也能影响人对观察到的事件的判断，甚至给出截然相反的结论，如图 9.7 所示的着色。颜色有的时候还可以帮助掩饰真实情感，如用艳丽的口红来掩饰不愉快的心情。

图 9.7 颜色的误导：救人还是打人？

除此以外，颜色对于图像高层语义的表达也很重要。在摄影作品中，有时为了追求特殊的美感，会有意将照片的颜色褪去，以形成所谓的高调、低调的黑白照片。但在多数情况下，彩色照片仍然占主导地位。在彩色图像上同一场景颜色明暗的变化会导致不同的感受，如图 9.8 所示。该图只是在颜色的明暗上做了些微变化，就影响了对图像中人物心情是忧郁还是略显阳光的判断。

图9.8　不同光照条件下人物心情的解说也不同

另外，现有的与人工智能相关的诸多应用，都要考虑对颜色的处理。如图像修复（image inpainting）中，需要考虑缺失部分与未缺失图像之间颜色的一致性；图像标注（image captioning）任务需要考虑颜色带来的意境变化。

值得指出的是，古往今来的文人墨客从不吝啬用笔墨来描绘五彩斑斓的颜色。举例来说，鲁迅在《雪》中，就寒冬时节花草说过：

雪野中有血红的宝珠山茶，白中隐青的单瓣梅花，深黄的磬口的蜡梅花；雪下面还有冷绿的杂草。

寥寥数笔，一幅有颜色的画面便跃然纸上。试想，如果没有颜色，由智能体、人类撰写的文学作品肯定会逊色不少。

抽象颜色的认知

既然颜色在智能体中起了如此广泛、重要的作用，颜色的辨识又是在何时被固化到人的视觉中枢呢？

要回答这一问题，还可以先问另一个问题。有多少人观察过儿童的发育，观察过儿童在不同年龄阶段对物体、概念的学习能力呢？

我曾对某儿童的成长进行过长时间的观察。从个人的经验来看，颜色是儿童在 1 岁以后才能学会和理解的。有别于有形物体的学习，颜色在早期发育中是比较难以掌握的概念，因为它是触不着、摸不到的。

在儿童最开始的物体学习阶段，触摸很重要，因为即使是同样的物体，如果不去触摸，人也会产生不同的视觉感知，如受观察角度的影响、受透视角的影响等。通过触摸，可以完成消歧，得到唯一的概念标签。

然而，颜色却是无法触摸的。在父母通过听觉系统向小孩传授这一概念的时候，小朋友只能依赖视觉获取的信息来推测。但听觉信息传授的概念具有很强的多义性，比如说一堵墙是红色的。小朋友在无法触摸颜色时，即使父母通过手势来辅助传授，他 / 她也并不会清楚红色是特指什么，尤其在他 / 她已经习惯了通过触摸来帮助学习物体的时候。通过这个观察，我发现颜色尽管是能看到的，却是相对抽象的、略为高级的语义信息。结果，这个抽象的颜色，需要花比学习实际物体更长的时间来学习，才能形成准确的抽象概念表征。同时，抽象的特点也使得颜色的认知往往会滞后于实体目标的学习。

不难看出，识别颜色的能力尽管与生俱来，但最终还是通过传授完成概念的标定，并形成与其他人在认知上的统一。然而，值得注意的是，这种认知上的统一，并不能解决因为基因或病理原因引起的色盲问题（图 9.9），甚至可能导致危险。比如我们常见的红色色盲患者，其在颜色的感知上对红色与绿色几乎是没有区分的。但是，这并不意味着他在熟悉的场所区分不了这两种颜色。因为，在儿童期的颜色学习时，父母会通过听觉和手势来帮助区分颜色所处的位置。红绿灯尽管颜色感知相似，但在交通灯的位置往往是不同且相对固定的。所以，在熟悉地段，红色色盲患者是能正常生活和遵守交通规则的。但在陌生地方，如果红绿灯位置产生变化，那红 / 绿色盲患者就很难区分，就容易发生交通危险了。除此以外，色盲患者在理解艺术作品中的情绪、美感上也会产生严重的偏差。

当然，如近视眼画家创造的印象派一样，也不排除色盲患者会画出不同常人、别具一格的杰作。

从以上例子可以看出，人类对颜色甚至知识的学习似乎是从具体到抽象逐渐过渡的，而不会一开始就接触非常抽象的概念。如果想建构一个拟人的智能体，是否也应该遵循这一原则呢？是否不应该从相对于视觉更为抽象的自然语言处理开始着手呢？

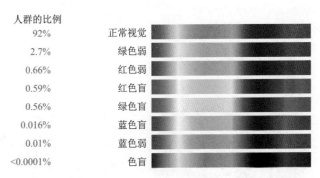

图 9.9　不同色盲与正常视觉对颜色感知的对比图和人群比例

而作为人工智能的研究者和爱好者，不妨也观察下，自己的小孩什么时候能学会判断颜色？是否比学习实体的概念更困难？观察新生儿的发育过程，尤其是 0~3 岁时期的，很可能对人的智能发育形成更直接、一手的了解。如果多些人去尝试，也许能得到很多统计意义上的、关于智能的新的发现。

三⑩ 自举的视觉与智能

图 10.1　敏豪生抓着自己的头发把马和自己从泥沼里拔出来

　　鼻子又高又长的小个子干瘦老头敏豪生又讲起了他的奇妙故事，毫不在乎大家是否相信：

　　一次，我们受到凶猛追击。我决定骑马穿过沼泽地。然而，我的马匹跑得太累了，没能跳过本可跳过的沼泽泥淖，噗的一声陷入泥淖，动弹不得。

泥淖把我们越来越深地往下吸、往下拉，眼看着马整个陷进了险恶的泥淖里。很快，我的头也开始埋进沼泽的污泥之中。只有我头顶军官帽还露在泥淖上面。

眼看就没救了。幸好我急中生智，一把抓起我自己的头发，用尽全身的力气把自己往上拽。我毫不费力地把自己从泥淖中拔了出来，而且顺带还把我的马也往上拽。我的双腿也如铁钩一般的强有力，把马肚拔了出来。

这可不是一件轻而易举的事哟！要不信，你们自个儿试试，看能不能抓住自己的头发一下就把自己提向空中。

——摘自《敏豪生奇游记》

《敏豪生奇游记》原为德国民间故事，又名《吹牛大王历险记》，后由德国埃·拉斯伯和戈·毕尔格两位作家再创作而成。这则故事传递了一个概念，叫"自举"，能找到的对应英文名是 Bootstrap，意思是 to pull oneself up by one's bootstrap，白话就是"拔鞋法"。在这个故事里，敏豪生通过"自举"逃出了沼泽，安全地进入了下一个吹牛环节。看似挺荒谬的情节，那在智能体和人工智能领域有没有类似的存在呢？

自举的视觉

不得不用到自举，无非是自身的能力受限，才得想办法扩展。人的视觉就是如此，在很多方面不是那么尽如人意的。它不如鹰的眼睛那么敏锐，其能在运动状态下从 10 千米的高空及时准确地发现草丛里的猎物，也不如蜜蜂能区分紫外线波段白色花的差异，也不能像响尾蛇一样感受红外端的热能。

不过人也有一些奇特的感知能力，比如传说中的"第三只眼""背后的眼睛"，有科学家将其称为盲视，即身体上的其他感观系统感受到了周边潜在的变化，却没有经过视皮层的脑区进行加工产生的下意识反应，但人会"以为"自己看到了。尤其是女性，可能冷不丁会觉得背后有人在看她，而且经常发现感觉是对的，这说不定就与"盲视"有关。世界著名的漫画书《丁丁历险记》之《蓝莲花》也描绘过这种"盲视"的情形（图10.2）。当然，这些"盲视"的情况也可能是心理作用引起的，目前并无定论。

图 10.2　双胞胎侦探杜邦、杜帮（英文原名为：*Thompson & Thomson*）和丁丁在1937年左右的上海街头（取自《丁丁历险记》之《蓝莲花》）

不管是否有神奇能力，人的视觉有很多不足。在光的强度上只能感受 10^2 量级的变化，而自然界的光强的量级是从 $10^{-4} \sim 10^6$，近 10^{10} 量级的变化。于是，人的视觉多了个"亮度自适应"的自举功能。这是人最常用的能力。比如走进电影院时，开始眼前一片漆黑，过了一段时间，人的眼睛逐渐适应了，便能看清楚周边的环境了。更严格地话，这一能力可用图10.3来说明。

图10.3中横坐标是光强的对数，即10个数量级；纵坐标反映了人眼的适应能力以及主观感受的亮度变化。白昼视觉（photopic）的感光范围从

$10^{-2} \sim 10^4$，夜昼视觉（scotopic）从 $10^{-6} \sim 10^0$。人的视觉可在给定图中 B_a 处的强度值时，在 B_b 处的正负区间内形成可见的视觉感知。但是，人眼能够根据 B_a 的变化进行一定范围的可视能力自适应。一旦到了夜视觉区间时，视力会按夜视觉的曲线来感知环境。

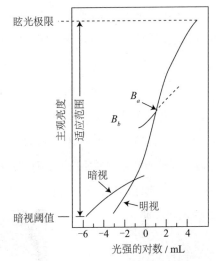

图 10.3　亮度自适应：白昼视觉与夜视觉 [40]

　　人类亮度自适应的机制是什么呢？它和猫通过自动调节瞳孔的大小来适应不同的光照变化的机制不同，是通过后端的视神经元的分工协作来实现的。白昼视觉主要由光线落在视网膜焦点（即中央凹）处的视锥细胞完成，夜视觉则由主要分布在中央凹以外的视杆细胞来实现。

　　别小看这点自适应，现在的图像处理在处理光强差异大的场景时仍然是一筹莫展。比如白天，各位不妨拿手机从室内拍下室外的场景，看看是否能保证室内室外都成像清晰、明暗分明？再比如，在地下停车场的外面，摄像头是否能把停车场里外都同时监测？

　　当然，这种自适应有时候也会带来风险。比如在晚上开车，突然对面来了一辆开着远光灯的车，那么驾驶员在视觉上会直接被误导到白昼视觉，而无法看清黑暗环境里的人或其他目标。这种"瞬间致盲"极易导致交通意外的发生。

　　除此以外，人的视觉对边缘的反应也有自举的表现。图 10.4 是一组光的强度按宽度逐渐变化构成的。将其强度的柱状图画出来，就像一组台阶。然而，有实验表明，人在感知时会在两个相邻的强度级的连接处产生"感受到"的向上和向下的强度变化，称之为"马赫效应"，可以称其为伪边缘。这种伪边缘的出现，可拉开相邻目标或前景、背景之间的差异，使轮廓变得更清晰，继而能帮助人类更好地区分目标和背景或其他目标。

然而，马赫效应形成的伪边缘有时候也能产生错觉。比如图 10.5 这张戴着金属矫正装置的牙齿 X 线片。如果不熟悉牙齿的基本构造，一个刚上岗的 X 线片读片员很容易对这些牙齿得出假阳性的诊断结果。因为矫正装置与牙齿的牙釉质和牙本质相比，具有更高的密度，因为在感光后会由于马赫效应在牙齿上形成伪影，导致经验不足的医生产生误判，需要结合临床判断。

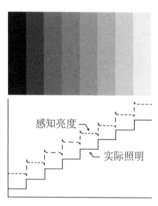

图 10.4　马赫效应 [40]

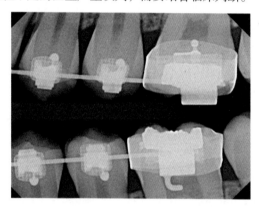

图 10.5　牙齿 X 光片 [46]（矫正装置、牙齿的牙釉质和牙本质由于密度不同，在 X 光下有不同的感光强度，因而会因为马赫效应产生伪影）

不仅相邻黑、白、灰度的差异会形成边缘错觉，相邻亮度、颜色的对比还会形成对亮度和色彩的判断错觉，如图 10.6 所示。图像处理领域将其称为"同时对比"现象，也有些领域将其称为"色彩错觉"。其原因在于人的视觉系统易受周围环境色彩的影响，在色彩对比因素存在的前提下，对关注的色彩或灰度产生深浅不一的错觉。从某种意义来讲，这种错觉可能是为了提升人对所关注目标的显著程度而形成。不过，负面效果就是不容易形成统一的色视觉判定结论，因为人的色彩视觉是主观而非客观的，比如图 10.7 中的连衣裙的条纹是何颜色呢？事实上，即使最后设计师明确了连衣裙的颜色[①]，仍然没有终止人们对视觉和颜色的争论。它表明人类色觉是存在差异的，它也成为了神经科学和视觉科学的新的科研方向，有很多相关的论文已经在科学期刊上发表。

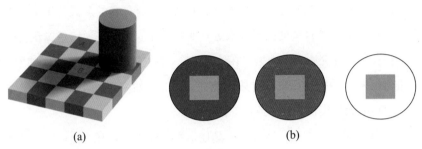

(a)　　　　　　　　　　　　　　　(b)

图 10.6　同时对比现象

（a）灰度图的同时对比（俗称：Checker Shadow illusion，棋盘阴影错觉）；
（b）彩色图的同时对比（在这两种情况下，由于背景亮度或颜色的改变，会导致关注目标的主观感受强度或颜色发生变化）

自举的人工智能方法

人类的视觉系统能通过自举来提高感知外部世界的能力，那么人工智能中有没有类似的机制呢？

从现有的理论体系来看，在数据的分布方面存在自举式模拟，分布加权以及数据不足时也存在自举的办法，但这些都与视觉中的自举大相径庭。具体如下：

图 10.7　连衣裙条纹是什么颜色的？白色与金色，还是黑色与蓝色？

1. 数据分布的自举

实现人工智能的一个必要步骤是学习，从数据中学习。但数据的分布是什么样的呢？并非一

---

① 实际颜色为黑色与蓝色。

开始就明了。所以，一般会假设数据服从某个分布。比如像许愿池中扔的硬币一样（图 10.8），中间密周边逐渐稀少，这就是传说中的人工智能领域最常用的高斯分布，因为它能极大方便随后的各种处理，如优化和梯度计算等。

可是分布是多种多样的，也并非所有情况下，分布都能精确且事先知道。但做数据分析或设计人工智能算法时又需要有分布的形式，于是科学家们就设计了一种自举的技术去逼近真实的分布。粗略来说，就像玩扑克牌一样，每次抽完牌再放回去。在给定了牌 / 数据的前提下，通过对牌 / 数据进行反复的抽样，每次都有放回地抽一组和原始牌 / 数据数量相同的数据，获得的数据集称为自举或再抽样样本集。

重复这一自举方式，通过分析其稳定性，就能比较好地逼近数据的真实分布。这是数据分布的自举，称为 Bootstrap 方法（也称自助法），最初由美国斯坦福大学统计学教授埃弗隆（Efron）在 1979 年提出，为小样本或小数据量来增广样本提供了好方法[47]。在此基础上，后来发展了大量的改进型"自举"方法，都是期望能更好地从局部推测总体的分布。

图 10.8　掷硬币许愿掷出的高斯分布（地址：南京，南京和平公园的水池）

2. 基于数据分布加权的自举

另一类自举是针对分类任务的，比如识别张三和李四的人脸图像。传统的方法往往假定每张图像或数据在分布中是等权重的。这种假设的不足在于，不容易区分容易分错的数据。于是1995年约法夫·弗洛德（Yoav Freund）就提出了Boosting算法，通过同时组合多个较弱分类能力的分类器来改进分类性能[48]。1996年在此基础上弗洛德和夏皮尔（Schapire）提出了当年红遍机器学习界及相关领域的Adaboost算法[49-50]。基于多个弱分类器的集成，该算法实现了优异的预测性能。在此背后，一个最重要的原因就是它会根据每个弱分类器的预测情况，对容易分错的样本给予更高的权重，从而确保其在下一轮采样时更容易出现或被采集到，直到获得精确的预测结果。这个针对数据错分的自举，最终成为了机器学习最成功且实用的经典算法之一。至于其在分类能力上成功的机制，尽管机器学习的著名期刊JMLR（*Journal of Machine Learning Research*，《机器学习研究杂志》）曾有一批学者来进行多角度的分析。真实和公认的原因仍未知，但其与自举相关是毋庸置疑的。

3. 数据不足的对抗自举

为了能进一步提高深度网络的性能，伊恩·古德费洛（Ian Goodfellow）于2014年提出了生成式对抗网络[51]。一经提出，很快就成为人工智能领域研究者的主要研发工具之一。如果仔细审视，可以发现，其通过网络内部对抗器和判别器的反复博弈生成大量"虚拟样本"的思路，也能视为是一种自举。

比较有趣的是，在取得异常好的性能的同时，这种自举式的网络和其他深度网络似乎都容易被攻击。据报道，对于图像识别任务，一两个像素的改变或引入随机噪声所构成的对抗样本就能导致网络产生错误识别（图10.9）。这多少有点像自举的视觉，会存在"同时对比"这种容易误导视觉判断的现象。毕竟没有什么系统是十全十美的，总会有例外。只是我们还不太清楚，这是否仅是稀少的例外，还是会变"黑天鹅"的意外。

 +0.007× 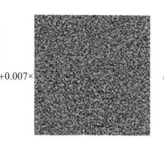 =

"熊猫"
57.7% 置信度

"长臂猿"
99.3% 置信度

图 10.9　易受攻击的深度网络：熊猫上叠加随机噪声，尽管视觉上仍能察觉是熊猫的图像，但深度网络却会高置信度（confidence）地将其识别为长臂猿[52]

自举的心智

人工智能的终极目标是期望能模拟人类的智能，所以，自举的心智也是值得研究的，因为它意味着人能在受限的条件下极大地提高自身的能力。这有点像俗话所说的"走出自己的舒适圈"。

关于这一点，20 世纪初期哲学家怀海德曾在其 1929 年出版的、形而上学或"过程哲学"经典书籍 *Process and Reality*（《过程与实在》）中指出，人的认知、社会的认知最终可以上升到一种自我成长、自我成熟的阶段，正如宇宙和自然的演化，这可以被视为更广义的自举[53]。

而经济学家默顿·米勒提出的默顿定律（Merton Laws）认为，人最理想的状态是自我预言、自我实习。举个有趣的例子，据说杨振宁在 12 岁时就爱看物理书。有一次他从艾迪顿的《神秘的宇宙》里读到了一些新的物理学现象与理论，便表现了极大的兴趣。回家后就跟父母开玩笑说，将来要拿诺贝尔奖。结果梦想真的实现了。这就是默顿定律的体现，是一种自我预言、自我激励、自我实现，也是一种自举的表现。

如果把自举的机制理解清楚了，尤其是视觉和心智方面的，也许我们就能找到构造自我发育、自我强化的人工智能体的办法了。

三11 主观时间与运动错觉

> 混沌初开，乾坤始奠。气之轻清上浮者为天，气之重浊
> 下凝者为地。

这是明末的启蒙书《幼学琼林》中的开篇，它揣测了空间和时间的开始状态。其中乾坤意指天地和阴阳，而阴阳的解读是时间。所谓"天干，犹木之干，强而为阳；地支，犹木之枝，弱而为阴"，（十）天干（十二）地支是古代纪年历法的组成，在殷墟的甲骨文就有记载。

我们现在常说的宇宙，和乾坤是同义的。宇指上下四方，是空间。宙指古往今来，是时间，合起来就是空时。不过这么说比较拗口，所以人们一般认为宇宙字面上是对应时空。

空间是客观存在的，人的视觉却是主观的，所以人的能动性在增强对空间感知能力的同时，会产生错觉。时间也是客观存在的，且是单向的，目前一直在向前。不过在爱因斯坦的狭义相对论里，时间并非是完全孤立的变量。按其公式推算，当飞船以近光速进行星际旅行时，飞船上的时间会变慢。所以，才会有如图 11.1 标题所示的**双生子佯谬**。因为时间并非绝对的，它受运动速度的影响。不仅如此，人也会对时间产生主观的感受。成语中有"度日如年"的描述，这在课堂上听不懂老师讲课内容时尤为常见，我在中学时代对此感受颇深。

时间的主观感受不仅会让时间变"慢"，也可能会产生"逆向"的时间错觉。因为运动与时间的变化相关，时间感受的主观性又直接影响了对运动的感受，形成了运动错觉，它直接影响了智能体对世界的某些感知。

 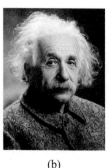

(a)　　　　　　(b)

图 11.1　双生子佯谬（twin paradox）。假如有一对双胞胎，一个乘飞船近光速飞行，一段时间后返回地球，另一个则留在地球。两个人都发现对方在以近光速移动，按相对论时间会变慢，因此会衰老慢些。那到底谁会更老呢？

（a）1904 年的爱因斯坦，25 岁；

（b）1947 年的爱因斯坦，68 岁

运动错觉

运动错觉常指"在一定条件下将客观静止的物体看成运动的错觉"，但更广义来看，它包含了时间主观感觉引发的错觉。因此，这类错觉既有源自静止目标的运动错觉，也有源自运动目标的运动错觉。从文献来看，前者又可细分为 4 种错觉：动景运动、自主运动、诱导运动和运动后效 [54]。

动景运动与人的视觉暂留现象（persistence of vision）有关，也称为"余晖效应"，是 1824 年由英国伦敦大学教授皮特·马克·罗葛特在《移动物体的视觉暂留现象》中最早提出的。如其他错觉一样，"视觉暂留"的内在机制，是以大脑为中心还是以眼睛为中心产生的，并没有得到统一的结论。但其现象大致可以描述成，人眼在观察物体时，光信号在传入大脑视觉中枢时，需要经过一个短暂的时间。而在光信号结束后，由于视神经的反应速度和惰性，视觉形象并不会马上消失，而是会继续在时间轴上延长存储一段时间。这种残留的视觉称为"后像"，而这个现象则称为"视觉暂留"。

它在很多场合都有着有意思或重要的应用。最早有记载的是宋代的走马灯，如图 11.2 所示。据说当年王安石在科场上对主考官出的联"飞虎旗，旗飞虎，旗卷虎藏身"，便是以其在马员外门口看到的联"走马灯，灯走马，灯熄马停步"来应对的，最终还因此娶了马员外的女儿，情场考场双得意。如今我们看的电影和动画，都与视觉暂留现象有关。虽然每张胶片的内容都是固定不变的，但人在

图 11.2　走马灯图例

观察画或物体后，在 0.1~0.4 秒内不会消失。于是通过 30 帧每秒的连续播放，视觉暂留现象会让人对电影的内容产生了**动景运动**的错觉，形成连续性变化的感知。据说，人在被谋杀后，眼睛瞳孔会留下凶手的影子。日本某公司还基于这一假设对监控录像中的人眼瞳孔图像进行放大、锐化处理，以提取受害人或路人看到的画面，并从中提取犯罪嫌疑人的形象或车牌号码等信息。

除了动景运动的错觉，人在注视目标过久时，会因为机体无法长期保持同一姿态而产生不由自主的运动，尤其是眼球的细微运动。而这种运动会被反映到视网膜上，让视觉中枢错以为是目标在运动，称为**自主运动**。比如在黑暗的密室玩恐怖解谜游戏的时候，长时间盯着某个带亮光的物体时（如蜡烛的烛光），有可能就会产生物体在移动的错觉。因而，无形中增加了游戏的恐惧感。当然，要解决这一恐惧的关键也很简单，换下关注的目标或增加参照物即可。

既然生活在物理世界，人的视觉也会受运动的相对性影响，形成**诱导运动**。比如停在车站的两辆高铁，人坐在其中一辆里，明明自己的车开动了，

却会以为是对面的另一辆仍停着的车开动了。这种相对性是受周边环境的运动诱导而形成的。如果焦点随运动的物体同步变化，另一个静止的就会被误以为在运动。中国古代的禅宗六祖慧能的故事中，更是把对这一现象的理解做了升华（图 11.3）：

图 11.3　风动还是幡动

　　一天，风扬起寺庙的旗幡，两个和尚在争论到底是"风动"还是"幡动"？慧能说："既非风动，亦非幡动，仁者心动耳。"

　　另外，当目标进行高速运动时，人的视觉会对运动的状态产生错误判断，即形成运动停滞甚至反转的**运动后效**错觉。如观察飞行中直升机的旋翼，会感觉每片叶子都能看清楚，且在慢慢地反向转动。现在有些做机器制图的机器臂，高速运动状态时也能达到类似的效果。

　　不仅会出现运动后效，人的视觉或感知系统有时候还能主导运动的方向。最近网上流行的一个旋转舞者的雕像动图就是这样的例子，如图 11.4[①]。稍做学习，你就能做到任意控制其旋转的方向。这种**循环错觉**应该是来源于选择关注点前后次序的策略（窍门：盯不同脚会产生不同的旋转方向），也可以理解成主观时间先后顺序选择的结果。

　　除了这些错误外，当对具有特殊结构的运动目标进行遮挡时，会形成**遮挡错觉**，导致对运动目标的整体结构或方向产生错误判断。值得指出的是，这种一叶障目的错觉不止是视觉上会出现，在人工智能的很多应用中

① 旋转舞者的动图链接：https://en.wikipedia.org/wiki/Spinning_Dancer

都可能碰到。比如现在流行的智能城市的交通控制，如果只对一个路口进行交通流量优化，很有可能当前路口的通畅会导致更大范围的拥堵。

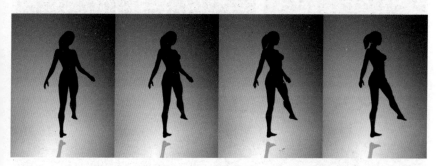

图 11.4　旋转舞者（spinning dancer）动图中的 4 帧

还有一个比较有意思的错觉，是关注点集中时产生的**光流错觉**。飞行员在驾驶飞机降落时，需要寻找着陆跑道。当其以着陆点为焦点来调整飞机航向时，着陆点会静止不动，而周围环境则会产生长度不一但有规律的光影。就像拍运动照片时，镜头跟随跑步中的运动员同步拍摄时，运动员会保持清晰成像，而周围影像产生同方向的光影一样。这种光流错觉可以帮助飞行员准确确定飞机的着陆位置。

当然，可列举的运动错觉还有很多，如图 11.5 中扭曲的圆点阵列，基于边缘错觉观测到的周边漂移错觉（peripheral drift illusion，PDI），据说能测试人的精神状态的"旋转"的圆盘等，就不一一枚举了。但不管是哪种，错觉都与视觉中枢理解的"时间和空间"与客观的"时间和空间"存在错位有密切关系，也与每个人先前习得的经验有关。在多数情况下，大脑对信息的加工处理都是合理、有效的，但在输入信息出现特殊结构，则可能出现反常感知或被误导，形成运动错觉。

图 11.5　错觉图示例（以上四张静态图，会由于存在有规律的结构变化，让人产生图像正在运动的错觉）

那么，这些错觉有没有可能被机器学习有效分类了？如果能做到，也许对人工智能和机器视觉模仿和理解人的视觉处理能力会有巨大的帮助。2018 年 10 月，位于美国肯塔基的路易斯维尔（Louisville）大学的罗伯特·威廉（Robert Williams）和罗曼·亚姆波尔斯基（Roman Yampolskiy）报告了他们的尝试结果 [55]。他们构造了一个超过 6000 张光学错觉图像的数据集，期望通过深度网络来实现有效分类和生成一些有意思的视觉错觉图。不过很遗憾，在显卡 Nvidia Tesla K80 训练了 7 小时的实验并没有带来任何有价值的信息。尽管深度学习要求的硬件算力已经没有问题了，但对这个任务的学习性能远不如现在的上千万级数据规模的人脸识别和图像检索理想。他们推测，一个可能的原因是能找到的光学幻觉／错觉照片少，如果再细分类别就更少了，在小样本意义下的深度学习可能不是太有效。另一个可能的原因是现有的机器还不能完全理解为什么会有这些错觉，因此要通过如生成对抗网生成新的光学幻觉/错觉也很难。这也许是机器视觉还不能征服的人类视觉的堡垒之一[55]。

时空/时频不确定性

时空的主观感受可以引起各种感知上的错觉。事实上，不论是客观还是主观，时空之间都存在某种关联，而对这一关联性的极致解释是海森堡于1927年提出的不确定性原理（uncertainty principle）（也称测不准原理）。粗略来讲，即粒子的位置与动量不可同时被确定。前者与空间有关，后者与时间有关。在这两个不同域里，一个域的参数越确定，另一个域的参数不确定的程度就越大。

巧合的是，在人工智能领域，有3个重要的理论也能看到这种不确定性的影子。

最早思考这种关联性的是远在1807年的数学家傅里叶。他提出了一个当时匪夷所思的概念，即**任何连续周期信号可以由一组适当的正弦（即三角函数）曲线组合而成**，称为傅里叶变换，如图11.6所示。这个时频变换的理论，对当时数学界的震撼一点也不亚于对欧几里得第五公设的推翻。不过，后来逐渐揭示的事实让大家都明白了，这种加权组合的傅里叶变换是合理的。该论文

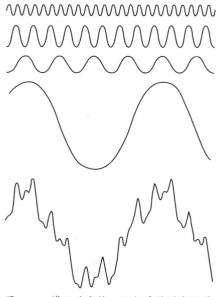

图11.6 傅里叶变换：任何连续周期信号（如最下方的曲线）可以由一组适当的正弦（即三角函数）曲线（上方的4条曲线）组合而成[40]

经过不少波折，最终收录在 1822 年发表的《热的解析理论》中。在傅里叶变换中，不同周期的三角函数可以视为在频域空间的基函数，就像三维空间中的长、宽、高一样。通过傅里叶变换后，样本在时间中的描述就转变成频率空间不同频率分量的幅度大小。

尽管傅里叶变换在两百年前已被提出，但真正用于人工智能相关领域还是在数字语音、数字图像出现以后。科学家们发现了很多在原来的时间 / 空间域下不能很好解决的问题，比如周期噪声的去噪、图像 / 视频压缩等，通过傅里叶变换转到频域空间后，却能轻松处理和实现性能的有效提升。

后来，科学家们又发现只将空间或时间域信号转换至频域空间，而不去深究频率的高度和宽度似乎有些粗糙，于是又对频率域引入了多尺度的变化，便有了小波变换这一理论体系。直观来说，小波变换在频率的取值上，就像音乐中的五线谱，有些频率可以取二分音符，有些能取四分音符，有些能取十六分音符，如此这般，而傅里叶变换只是简单地给定了音调，却把所有音调的长度都设为固定不变。小波变换这种多尺度的技术用于刻画自然图像或其他数据时，较傅里叶变换有了更精细的频率表达，这一技术也被用于构成了 JPEG 2000 的图像压缩标准。

在傅里叶变换和小波变换的发展中，科学家们也发现了一个现象，原时间 / 空间域的信号间隔越宽时，对应的频率域信号间隔会越稠密，反之亦然。两者呈现类似于海森堡不确定性原理的对立，如图 11.7 所示。

从图 11.7 可以看出时间和频率之间的平衡。图像上的每个像素点在吸收全部频率在给定时间上获得的值；傅里叶变换是在给定频率，将全部时间的值累积的结果；而小波则反映了两者的折中，时间窗口宽，则频率窄，反之亦然。

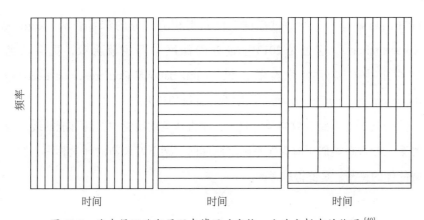

图 11.7　海森堡不确定原理在傅里叶变换、小波分析中的体现 [40]

左：图像的时频（time vs frequency）特性；中：傅里叶变换的时频特性；右：小波分析的时频特性

基于这个观察，科学家们推测如果要提高人工智能很关心的可解释性，最直观的策略是将原空间的数据变换至一个能让特征数量变得极其稀疏的空间。但天下没有免费的午餐，有稀疏必然意味着在某个地方付出稠密的代价。这就是在 2000 年左右提出的压缩传感（compressive sensing）或稀疏学习理论的主要思想。值得一提的是，完善压缩传感理论的贡献人之一是据说智商高达 160、拿过菲尔兹奖的华裔数学家陶哲轩。该理论最有意思的一点就是把基函数变成了一个如高斯分布形成的随机噪声矩阵，在这个矩阵里，每个点的分布是随机、无规律的，因而可以视为稠密的。通过这样的处理，一大批压缩传感或稀疏学习方法被提出，并获得了不错的稀疏解。

不管采用哪种方法，傅里叶、小波，还是稀疏学习，都能看出类似于时间换空间、两者不可能同时完美的影子。这种情况可以视为人工智能领域在时空 / 时频意义下的"海森堡（Heisenberg）不确定原理"。

最近十年的人工智能研究非常关心预测性能的提升，但也希望能获得好的可解释性，如通过深度网络获得相应任务的学习表示（learning representation）。这也是 2013 年创办的深度学习主流会议，把会议名字约定为"国际学习表示会议"（International Conference on Learning Representation，ICLR），而非深度学习会议的初衷之一。

但是否能学到有效的学习表示，能否从运动错觉中找到可能的线索或答案，能否在类似于海森堡不确定原理的框架下发展新的理论算法、发现智能体的秘密，是值得思考的。

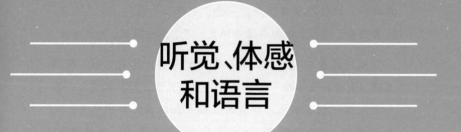

听觉、体感
和语言

三⑫ 听觉错觉与语音、歌唱的智能分析

京中有善口技者。会宾客大宴，于厅事之东北角，施八尺屏障，口技人坐屏障中，一桌、一椅、一扇、一抚尺而已。众宾团坐。少顷，但闻屏障中抚尺一下，满坐寂然，无敢哗者。

遥闻深巷中犬吠，便有妇人惊觉欠伸，其夫呓语。既而儿醒，大啼。夫亦醒。妇抚儿乳，儿含乳啼，妇拍而呜之。又一大儿醒，絮絮不止。当是时，妇手拍儿声，口中呜声，儿含乳啼声，大儿初醒声，夫叱大儿声，一时齐发，众妙毕备。满坐宾客无不伸颈，侧目，微笑，默叹，以为妙绝。

未几，夫齁声起，妇拍儿亦渐拍渐止。微闻有鼠作作索索，盆器倾侧，妇梦中咳嗽。宾客意少舒，稍稍正坐。

忽一人大呼"火起"，夫起大呼，妇亦起大呼。两儿齐哭。俄而百千人大呼，百千儿哭，百千犬吠。中间力拉崩倒之声，火爆声，呼呼风声，百千齐作；又夹百千求救声，曳屋许许声，抢夺声，泼水声。凡所应有，无所不有。虽人有百手，手有百指，不能指其一端；人有百口，口有百舌，不能名其一处也。于是宾客无不变色离席，奋袖出臂，两股战战，几欲先走。

忽然抚尺一下，群响毕绝。撤屏视之，一人、一桌、一椅、

一扇、一抚尺而已。

以上段落节选自《虞初新志》的《口技》，林嗣环（清）（图12.1）

图 12.1　口技

声音能刻画得如此妙不可言，听觉系统功不可没。就人而言，听觉系统由左右两只耳朵构成，一方面能帮助我们形成立体听觉，方便辨识声音的位置，另一方面也便于我们在不喜听到某事时，可以一只耳朵进，一只耳朵出。除了视觉以外，它也是另一个可以帮助我们实现远距离以及视觉系统不可用时识别目标的感知系统。比如《红楼梦》中描绘的"未见其人先闻其声"，便是林黛玉进贾府初见王熙凤的情形，朗朗的笑声瞬间就把王熙凤的形象树立了起来。另外，因为人的视觉接受外界信号是以光的速度完成的，而接收声音的速度则慢得多。所以，听觉系统还能帮助纠正视觉上的错觉。比如，有些人看上去非常的闪亮、聪明，这一印象会一直维持到听到他开口说话为止。于是，为了保证视觉与听觉美感上的"一致"，不少短视频APP提供了大量有特色的原声。这也是短视频大受欢迎的原因之一。因为对人类文明而言，听觉系统促进了智能体之间的交流并提升了精神生活的档次。

要更具体地了解听觉系统，可参考图 12.2。它包括用于收集声音的耳廓、用于声音传递的外耳道、用于将声音变为振动频率的耳膜、耳蜗内用于将声音转为电脉冲的毛细胞以及传输电脉冲的听神经和处理声音的听觉中枢。其中毛细胞是听觉细胞，包括 3500 个内毛细胞和 12 000 个外毛细胞，以分别处理不同频率的声音。另外，负责低音部的毛细胞数量多，而负责高音部的相对较少。所以，对年纪大的人来说，首当其冲损失的是高音或高频部分的听力能力。

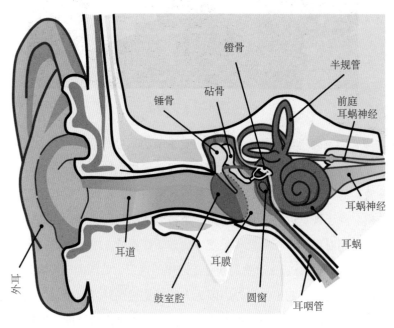

图 12.2　人类耳朵的解剖构造（为了视觉的效果，图中的耳道尺寸被夸大）

虽然人的听觉系统中的毛细胞数量和布局，与人的视网膜有一比。但由于现有传感器设备的限制，机器在模仿时都将采集到的声音最终简化成一条曲线似的信号。由于音频信息相对简单，所以，多媒体研究最开始着手的方向，就是数字音频处理。随着计算机处理能力的增强，才逐渐将研究重点转移到具有二维结构的数字图像上来。在 1995 年至 21 世纪初期，曾经有一段时间，计算机学科中一大半的研究生从事的研究方向都与数字图像处理密切相关。说不定，未来等量子计算机研制成功，基本的计算基元从二进制转成连续值后，也许得考虑学习量子语音处理、量子图像处理的理论和算法知识了。

撇开这段历史不表，因为声音是多源的、随时间变化的，当声音压缩变成一维的语音信号后，语音处理的难度便大了不少。早期的语音处理研究是举步维艰的。曾记得 1995 年左右的微软曾出过一版语音识别软件，识别的性能远低于期望，很快就被市场淡忘。当年在连续语音识别的主要方法，包括统计学领域 20 世纪 60 年代、后在 70 年代中期被挪到语音领域的隐马尔可夫模型，以及多个高斯分布组合的多元混合高斯模型。其中，隐马尔可夫模型假定了声音时间序列的前后时刻具有相关性，即马尔可夫过程。同时，假定这些相关性由一组隐含的变量控制。将这些性质构成网络后，便形成了隐马尔可夫模型。尽管模型结构有细微变化，但主要思想依旧，曾在语音分析领域引领风骚数十年。一直到近年来深度学习的出现，语音识别也由于预测性能的显著提高而随之走向全面实用化。

但实用化并不意味着听觉系统就完全被了解清楚了，里面仍有许多不明的机制，如听觉错觉。同时，语音识别本身也还存在一些目前难以解决的问题。不仅如此，人类在说话以外，还发展了音乐这样独一无二的能力，尤其是唱歌。理解唱歌，对于理解智能体本身也是有帮助的。本节中，我将从此三方面展开介绍。

听觉错觉

听觉系统和视觉系统一样，虽然有效，但同样存在不少有意思的错觉。这些错觉既有来自听觉系统的，也有来自大脑生理或心理感受的，还有来自外部经过特殊设计诱导的。

来自听学系统的通常是功能性退化引起的。举例来说，当外界不存在声源输入，而人又能感受到声音信息时，就是听觉系统本身出了问题，可大可小。比较常见的是耳鸣，一些神经官能症患者或神经衰弱的人会比较容易出现这种问题。它产生的原因，一直众说纷纭，有认为是大脑听觉中枢存在问题所致，也有认为与传导声音的神经通道在无信号时的活动有关。后一观点里，比较有意思的一个研究成果是美国约翰·霍普金斯大学的德怀特·彼格斯等 2007 年 11 月发表在 *Nature*（《自然》）上的 [56]。他们在听力还没发育成熟的小鼠上进行了实验，发现耳鸣的发生可能与听觉系统早期阶段非感觉性毛细胞，即支撑细胞有直接联系。他们认为，在听觉系统未成熟前，这些支撑细胞会本能释放 ATP（腺苷三磷酸）能量分子，形成电信号输入大脑。这些电信号在发育初期听起来就像是噪声，可用于帮助听觉系统尽早做好准备。从某种意义来看，这种准备就像听觉系统的自检，与人晚上睡觉时"偶尔会蹬腿来检测人是否还活着"一个道理。而到长大以后，这种自检偶尔还会被触发。频率发生过高的则有可能形成持续性耳鸣的疾病。所以，了解耳鸣的形成机制也许有助于理解人听觉系统的早期发育。

除了这种耳鸣外，人甚至可以在不使用听觉系统时，也能感受到声音。比如，你沉思的时候，那个在你脑袋里说话的声音，是谁发出的呢？

另一种错觉是人对声音美感的感知。它包括说话声和唱歌两种错觉。

在日常生活中，说话人错觉更为常见。人们总是对自己的声音比较满意，直到听到通过录音方式播放出来的声音后，才发现与自己以为听到的还有点差距，有时会觉得录音机里播出来的声音会更难听一些。其原因有两个，一是因为人在听自己声音的时候，声音是通过颅骨传至内耳再进入听觉中枢的。而其他人听到的声音，与录音机通过空气介质传播获得的相同。传播媒介不同，自然会有些差异。另一个原因可能是人类会习惯把自己的声音标定得更美好一些。在 2000 年两位心理学家邓宁（Dunning）和克鲁格（Kruger）提出的、获得了《搞笑诺贝尔心理学奖》的达克效应（Dunning-Kruger effect）可以部分解释这一现象。简单来说，人容易沉浸在自我营造的虚幻优势之中，过高估计自己的能力，属于一种认知偏差。因此，人也会在大脑中自动地美化自己的声音。

语音识别及相关应用

抛去错觉不提，语音识别本身有许多细分和衍生的应用值得研究。应用面很宽的一种是语音转换文字，可以是同一语种，也可以是跨语种。同语种的转换，在深度学习出来后，预测性能确实有了一个质的飞跃，在识别性能和用于语音搜索方面都已经不是 20 世纪 90 年代可比拟的了。不过，现阶段的水平也并非完全能替代其他输入设备，仍存在一些无法有效解读的场景。以中文为例，汉字的数量超过 8 万个，常用的约 3500 个。另外，汉字重音字特别多，据说有 1600 多个。两个数量相比，便可以知道中文语音转换文字的难度有多高。极端情况下，可以参考"中国现代语言学之父"赵元任（1892—1982）当年写过的三首诗，《施氏食狮史》《熙戏犀》和《季姬击鸡记》。其中一首于 1930 年在美国写的《施氏食狮史》如下：

石室诗士施氏，嗜狮，誓食十狮。施氏时时适市视狮。十时，适十狮适市。是时，适施氏适市。施氏视是十狮，恃矢势，使是十狮逝世。氏拾是十狮尸，适石室。石室湿，氏使侍拭石室。石室拭，氏始试食是十狮尸。食时，始识是十狮尸，实十石狮尸。试释是事。

这段几乎完全同音的文字，机器目前仍很难根据语音将其转成有效文字的。如果通过目前正流行的知识图谱来对重音字进行辅助解释，也许可以部分解决这一问题。这对于打字不方便的人来说，是比较好的选择。但对于熟悉打字的，引入知识图谱这样的操作会浪费大量不必要的筛选时间。尤其像上例这种情况，知识图谱能做的是对每个单字都进行解释，显然还不如打字来得快。

而跨语种的翻译，国内外都在做，也有一些小型配套硬件被推出，但离同声翻译的距离还很远，因为它不仅仅是语音识别的问题，还涉及更复杂的自然语言处理，以及广泛的背景知识。

语音也可以用于人身份的识别。尽管不如识别人的外表（如人脸）那么形象直观，但仍然是重要的生物认证方式之一，在反电话诈骗方面也有潜在的应用。语音与视频结合还能实现计算机读唇语，这一技术对于听力有障碍且交流困难的人尤其是聋哑人将有所帮助。

歌唱识别

人类听觉系统除了用于交流、识别和警示外，还进化了一种可能只有人类才具有的高级智能，就是音乐，如独唱合唱、乐器独奏合奏等。其中，唱歌是最容易又是最难的"乐器"。因为随便谁都能唱，唱得好是"余音绕梁，三日不绝"，反之也可能会"呕哑嘲哳难为听"。与语音识别相比，歌唱的分析有更多的困难要克服，原因可以从两个方面来解释。

（1）与说话的区别

人在说语时多以声带振动来发声，音调、频率都在人最自然的发声区，偶尔有些人会用腹式呼吸来增强声音的厚度和减少声带的疲劳。即使情绪波动会影响发声，但一般变化也不会太大。

而唱歌则需要比较多的技巧，有着与说话显著不同的特点。第一，唱歌的音域变化范围很宽。比如俄罗斯男歌手维塔斯能从最低音到最高音唱跨4个八度，最高的声音能跟开水壶烧开水发的声音一样高，非常厉害。不过我也能，哆咪咪发嗦啦西哆，重复5次，一口气下来也有5个八度。第二，共鸣腔的运用上唱歌和讲话的区别也非常之大。比如唱歌时用的头部共鸣，有从鼻腔和后脑勺位置发声共鸣的区别，这两者导致的音色差别很大。要根据歌曲风格不同来取舍，老百姓常听到的美声唱法喜欢把头腔共鸣置后。如果留意看歌星唱歌，有些专业歌手唱高音的时候会挤眉弄眼，鼻子皱了起来，那其实就是在找高音共鸣的位置。为了歌曲表达的厚度，光靠头腔还不够，因为会比较单薄，还得利用胸腔共鸣加强中低音区的共鸣。如果想把音域再提高，还可以学习用面罩唱法、咽音和关闭唱法来发声。而低音比如呼麦的唱法则要把气运到声带附近振动发声。第三，气息也是造成说话和唱歌区别变大的地方。歌曲中有些歌词特别长，只用平时说话那种比较浅的胸式呼吸往往很难保持旋律的稳定和连续性，所以需要借助胸腹式呼吸以及更复杂的换气技巧。第四，不像说话一般是四平八稳的，歌曲的节奏变化很丰富，一首歌里可能快慢缓急都会出现。第五，对歌词的理解和情感的投入也会使唱歌与说话有显著的差别。第六，连读问题。中文歌词相对好一些，但英文在唱歌中的连读就多得多了。

关于唱歌和说话，人们可能还会有个错觉，以为口吃的人唱歌一定唱不好。但实际上这两者属于不同的发声机制。说话需要思考要讲的内容，并进行语言组织，再说出来。而唱歌通常是歌曲的语调、语速和语气都已经给定，人需要做的是将这些内容经过反复练习后复述即可。所以，口吃的人，可以试着通过学习唱歌来找到流利发声的自信。

唱歌和说话的这些区别，使得唱歌中的语音识别变得尤其困难，但因此也衍生了更多的与语音和智能相关的应用。

（2）如何评价歌曲的美

唱歌对多数人来说，是缓解心情的方式之一。听到喜欢的歌，学来便唱了。可是唱得好不好呢？很多人并不太清楚，对自己的歌声也比较"自信"，我也是如此。另外，什么样的歌才可以定义为好听的歌曲呢？

音乐里面定义好听与否，有个与频率 f 相关的通用法则。这是日本著名物理学家武者利光于 1965 年在应用物理学会杂志发表的文章《生物信息和 $1/f$ 起伏》中提出的 $1/f$ 波动原则。波动或起伏指某个物理量在宏观平均值附近的随机变化，其原则在很多领域都适用。就音乐来说，$1/f$ 表明旋律在局部可以呈现无序状态，而在宏观上具有某种相关性的，可以让人感到舒适和谐的波动。如邓丽君的《甜蜜蜜》《小城故事》等就是符合 $1/f$ 波动原则的曲子，所以大家很喜欢听。但这一理论只适用解释比较舒缓的歌曲。对于其他形式的音乐风格，如摇滚、说唱等，则是因为其蕴含的律动能帮助人宣泄和抒发心情有关。更有甚者，还有完全背离 $1/f$ 波动原则的歌曲，如甲壳虫乐队（The Beatles）主唱约翰·列侬老婆小野洋子（Yoko Ono）在纽约的现代艺术博物馆演唱的、几乎接近噪声的实验歌曲 *Fireworks*（《烟花》）[原唱凯蒂·佩里（Katy Perry）]。

为帮助评估音乐是否好听，科学家们还提出了一些心理声学的定性和定量指标，如基于粗糙度、尖锐度、波动度和音调等声学特征组合构成的"烦恼度"和"感知愉悦度"等复合声学指标。但不管如何约定，声音的感知仍是以个体的主观感受为评价，公众认同的并不见得能用于刻画小众的审美观点。对于歌声，有人喜欢粗犷低沉的，有人喜欢清澈如水的，有人喜欢嘹亮的，有人喜欢委婉的；对于歌曲，有人喜欢稀奇古怪的，有人喜欢平铺直叙，有人喜欢口水歌，有人喜欢阳春白雪。音乐风格的多样性和个性化色彩的浓郁，使得人工智能很难真正地形成统一的客观标准来替代这一领域的工作。

（3）歌曲 / 歌唱的相关应用

虽然歌曲 / 歌唱的分析显然比单纯的语音识别复杂、难度高，但在人工智能领域还是有一些相关的应用。这里列举几个比较有应用价值的。一是歌曲哼唱识别，这是目前多数提供音乐的平台有或者正在尝试做的一项功能。其任务是要根据局部片段的旋律，来识别可能的曲子。难点在于，并非每个人都能准确地把旋律哼出来。多数采用这种方式找曲子的，原因可能是不记得歌名，或者只是一段遥远的旋律记忆。其次，人的发音频率、音调、说话的清晰度和原唱都有一定的差异。所以，哼唱识别的任务是要从不精确的哼唱中找到有效的候选集。

除了哼唱，另一个重要的应用是自动调音。一是因为很少有人能具有绝对音高的能力，即使经过专业训练，仍然可能不稳。二是多数人的音准和稳定性是存在问题的。而喜爱唱歌的人又多。所以，自动调音对于专业歌手和业余爱好者都有很大的应用市场。但由于音乐的风格往往千变万化，而且还要学习和增强每个人特有的辨识度和个性化音色，所以，利用人工智能技术构造自动调音师的难度显而易见。

另外，音乐声与人声分离也是一个极其重要的研究方向。人类在这方面的能力非常强，可以在非常嘈杂的环境中轻松选择自己关注的声音来聆听。1953 年彻瑞（Cherry）将人类听觉注意引发的这一现象称为鸡尾酒会效应（cocktail party effect）。虽然这一现象已经发现近半个多世纪，但人工智能要实现和人相近的辨识能力还很难。因为通过话筒获取的音频信号一般是多个声源混合而成的一维的音频信号，要再分离出原来的多个信号源将是一对多的病态问题，没有唯一解。事实上，人类在听取录制后的声音后，也无法获得鸡尾酒会效应的能力了。

要解决这一难题，在人工智能领域通常会假定这些信息源是相互独立的，且不符合之前提过的高斯分布，输出结果为这些信息源的加权组合。信息源的分离，又称为盲源分离（blind-source separation）。早先的做法是利用机器学习和模式识别领域的独立分量分析（independent component analysis）的技术或其改进版来实现，但这一方法的不足是收敛速度慢，且难以获得唯一解。最近深度学习在这一方向上也有了长足的进步。如"谷歌研究"2018 年 8 月在图形学顶级期刊《计算机图形学会刊》（*ACM Transactions on Graphics*，*ACM ToG*）上公布的最新成果。作者埃弗拉特（Ephrat）等将音视频结合起来，分别对视频和音频采用两个深度学习模型提取各自特征。融合特征后，再用一个考虑时间变化的长短时记忆深度模型（long short-term memory，LSTM）来刻画音视频的时序特性，最后为每个说话者都采用两个不同的解码系统来分离音频和视频。该模型达到了目前的最佳效果，离模拟人类的鸡尾酒会效应又进了一步。但其仍存在一些不足，主要有两点。一是需要借助视频，所以，人脸必须出现在画面里帮助定位声音源，这与人在鸡尾酒会上并不需要视觉的帮助来定位相比还是要弱不少。二是，该研究还没有涉及歌声和乐器声分离这一类更难的问题（图 12.3）。

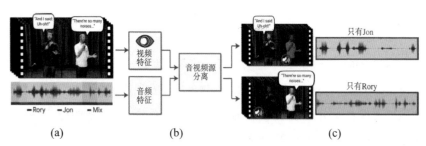

图 12.3　输入的视频帧与音频（a）；处理思路：分别提取视频、音频特征，并执行音视频源分离（b）；为每个说话者输出干净的音频（c）[57]

　　当然，基于人工智能的音乐分析还有很多其他有意思的应用，如计算机作曲 / 写歌词、设计像洛天依一样的唱歌机器人等。但总体来看，人类作者写出的歌词、旋律的意境往往具有更好的整体性和更强的逻辑性，而计算机模拟的目前还只能做到局部逼近，在大局观、整体情感的把握上仍然任重道远，也许现阶段考虑与人的混合智能处理是不错的尝试。

　　那么，音乐中还有没有其他比较有意思的错觉呢？下回书表！

三 ⑬ 视听错觉与无限音阶中的拓扑

小朋友小时候，我们请了一位家里外婆辈分的亲戚帮忙来照顾。虽然长我一辈，年龄却比我小。不过还好，亲戚家在湖南省的华容县，那边的人管这个辈分的都称为"家（Ga）家（Ga）"，所以，叫起来也不会太尴尬和别扭，反正外人听不懂。小朋友学语言很快，一切都很正常。可是 GaGa 老是叫不好，总发成 DaDa。她自己也没觉得有什么不对，我们纠正了几次，没什么效果，只好听之任之了。还好，随着小朋友一天天长大，终于有一天她自己纠正过来了。

上一篇说过，人在辨声方面有"鸡尾酒会效应"的能力。一个人不需要借助视觉的帮助就可以在酒会中选择性地聆听需要听的声音，而把其他声音弱化甚至屏蔽掉。谷歌则尝试结合视频与语音来提高人声分离的性能。那么，视觉与听觉之间会不会相互影响呢？

视听错觉

第一个证实视觉与听觉有相互影响的实验来源于一次意外。早在 20 世纪 70 年代中期，英国萨里（Surrey）大学的心理学家哈里·麦格克（Harry McGurk）和他的助手约翰·麦克唐纳（John MacDonald）做了个实验。他们用不同的口语因素给视频配音，想研究不同时期儿童对语言的理解程度。

在配音的时候，一个本应发"ga"的音节错配成了"ba"的音，测试者听完后坚持认为听到的音节是第三节音素"da"而不是视频中说出来的原音节。对于这个意外，他们分析后认为，在听觉系统和视觉系统收集的信息存在相互矛盾时，人类会优先相信视觉通道传输进来的信息。因为与视觉系统相比，听觉系统获得的信息没有那么强的确定性。他们将这一现象称"麦格克效应"（McGurk effect）①。该成果发表在 1976 年的《自然》杂志上 [58]。

随着研究的深入，科学家们发现这种视听觉相互影响的"麦格克效应"在很多方面都有体现。比如，儿童在早期发音的学习上。如果视觉和听觉没有得到好的整合，儿童就容易产生错误的发音。另外，视力不好的人，如果摘下眼镜，也很可能出现"麦格克效应"，会感觉自己的听力也同时下降了。

2007 年，科丁（Körding）等进一步研究了视听觉相互影响的情况。他们在 5 个平行的位置上均放置了发声和闪光设备，然后在不同或相同的位置同时给出声音和闪光，让 19 位测试者判断发声的位置和闪光的位置。实验设置和结果如图 13.1 所示 [59]。

从图 13.1 可以看出，当光和声音分别处理、没有相互干扰时，19 位测试者的反应是稳定且合乎正确分布的。而当灯光和声音同时出现后，能看出：①闪光位置的判断几乎不受影响，与没有声音的时候分布一致；②声音的位置影响明显。尤其最后一列，其声音似乎容易被光线影响，而形成轻微向左的误判。这表明听觉获得声音的不确定更多一些，更容易被视觉感知的闪光影响。所以，麦格克效应和视听觉的实验都表明，视觉确实会影响听觉的认知。

---

① 麦格克效应视频链接：https://v.qq.com/x/page/i0624sd97n4.html

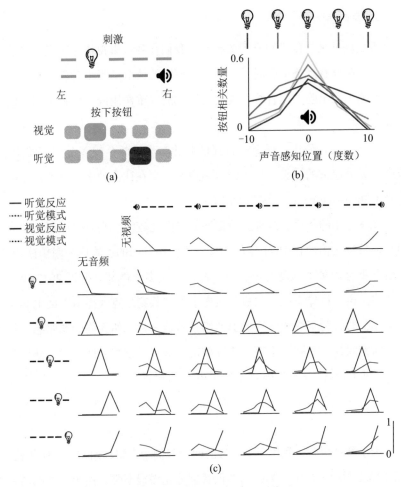

图 13.1　视听觉线索的组合 [59]

（a）实验架构。每个测试，同时给出一个视觉和一个听觉刺激，测试者通过按按钮来报告感知的视觉刺激和听觉刺激位置。（b）显示视觉对在中间位置发出的听觉刺激的感知位置影响。不同颜色对应在不同位置的视觉刺激（颜色从暖色调转为冷色调）。只有声音的模型以灰色表示。（c）对于35种刺激条件，测试者（实线）以及理想观测者的预测（破折线）的平均响应。左边第一列虚线为5个闪光位置；第二列为无音频的响应，从左至右的折线表示响应位置。在无音频时响应很精确。上方第一行指5个声音位置；第二行为无视频响应，从左到右的折线表示响应情况

无限音阶的拓扑

听觉反过来会促进视觉上的感知。我们在观赏影视作品时经常能感受到。比如在家看恐怖电影时，一到令人惊悚的情节，胆小者就会情不自禁把音量关小或干脆关闭音响，说明视听觉的双重作用确实增强了影片的恐怖程度。

另外，在音乐中，还有个奇怪的旋律。通过两个或多个声部的交替，能产生无穷递进的感觉，让人误以为声音一直在往高处走。这就是谢帕德音阶（Shepard tone），也称为无限音阶。

相比音乐的历史，这种音阶出现的时间比较晚。它是美国斯坦福大学的心理学家谢帕德在 1971 年的心理学实验中发明的，故称为谢帕德音阶。它由不重合的多个八度音组合在一起，形成多个声部。据说 2017 年克里斯托弗·诺兰执导有关"二战"历史事件"敦刻尔克大撤退"的电影《敦刻尔克》时，为了能给海边撤退的场景营造一种无始无终的紧张感，便送给作曲家汉斯·季默一个手表连续敲击的录音。季默受此启发，便以与之类似的谢帕德音阶为基础，创作了电影的背景乐。事实证明，这段配乐非常完美地加强了撤退时的紧张感，让观众有了身临其境、坐立不安的感觉[①]。

为了帮助理解，我用一个类似的两声部例子来解释谢帕德音阶的构成，如图 13.2 所示。其中，第一列的低音部分是慢慢渐强，而第二列的高音部分则慢慢减弱，到最弱音时，再同时增加一个相同音量但低八度的音进来。按此规律，两列的旋律一直循环播放。结果，在第一列的低音到最强处，刚好能接上第二列高音的最弱音。于是两个声部就实现了自然的过渡，低声部过渡到高声部，高声部也过渡到低声部。如果按此规律增加更多的声

---

① 谢帕德音阶在《敦刻尔克》中的视频链接：https://v.qq.com/x/page/g05479i6hs5.html

部进来，那么，旋律中总可以一直听到至少两种声调在同时升高。而大脑会形成听觉错觉，认为这些音调一直在往上走。

C4（小声）	C5（大声）	——相差八度差
C#4（渐强）	C#5（渐弱）	
D4	D5	
D#4	D#5	
E4	E5	
F4	F5	
F#4（相同音量）	F#5（相同音量）	
G4	G5	
G#4	G#5	
A#4	A#5 + B3	
B4（大声）	B5（小声）+ B3（小声）	

图 13.2　两声部的无限循环，左列为低音的渐强，右列为高音的渐弱；左列到 B4 时，
　　　　　刚好能接上右列的 C5；同理，右列弱至 B5 时，会再增加一个同样小声的
　　　　　B3 音进来，从而可以自然过渡到左列的 C4 上

　　有趣的是，这种循环，我们不仅能在音乐中看到，还能在很多方面见到类似的情形。比如艺术作品中，前面提到过的荷兰著名画家艾舍尔就画过一系列无限循环的作品。如图 13.3 所示的水的循环流动、楼梯的"循环"，还有画里画外的蜥蜴。这些都是现实世界不可能实现的无限循环。

　　而在日常生活中，也可见许多旋转现象（图 13.4），如理发店的旋转灯筒也有着无限循环的影子。关于这种灯筒是何时出现的说法很多，有说是世界大战时期，有说是法国大革命时期。其中一种说法是为了纪念一位为国家（法国）做出贡献的理发师，旋转灯筒的红白蓝三色其实是法国的国旗。

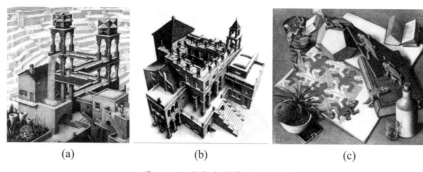

图 13.3　艾舍尔的各种循环画

（a）瀑布（1961，石版画）；（b）上升和下降（1960，石版画）；（c）画里画外的爬行动物（1943，石版画）

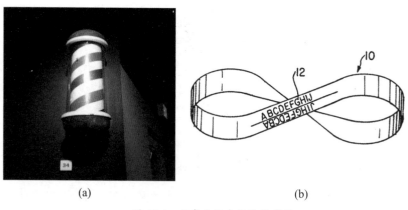

图 13.4　日常生活中的旋转现象

北卡罗来纳历史博物馆展出的，1938 年理发店的灯箱（a）；可以双倍提高使用率的打印机色带（b）[60]

不管来自何种典故，灯箱的旋转，会让人产生循环往复、一直向上的错觉。这是在理发店的无限循环。

事实上，这种循环性，我们在 20 世纪曾广泛使用，现在主要用于打印各种增值税发票的针式打印机上也能见到。大家可以拆开色带看看，就会发现色带都是两面交替打印的，如图 13.4（b），因为这样可以使色带的上半部和下半部都能完成打印，从而双倍提高色带的利用率。这是打印机里的无限循环，是 1991 年由英国的伊恩·W. 霍加思（Ian W. Hogarth）和瑞典的弗里德黑尔姆·凯文宁（Friedhelm Kiewning）提出的发明专利[60]。

这种循环的几何结构有个数学味更浓的名字，叫莫比乌斯带（Mobius band），它可以将纸按图 13.5（a）所示方法折成。类似地，普林斯顿大学教授、作曲家和音乐理论专家；迪米特里·泰莫茨科（Dimitri Tymoczko）在假定十二音律是一个圆形循环的基础上，认为两音符组成的音程关系可以表示成如图 13.5（b）的莫比乌斯带而非甜甜圈的几何结构[61-62]。

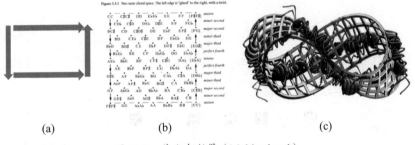

(a)　　　　　　　　(b)　　　　　　　　(c)

图 13.5　莫比乌斯带（Mobius band）

（a）莫比乌斯带折法：将纸按箭头方法对折后再粘在一起，便可以获得莫比乌斯带；（b）两音符音程关系可以视为莫比乌斯带[61]；（c）莫比乌斯带Ⅱ（艾舍尔，1963 年，木刻画）

图 13.5（c）中，艾舍尔的莫比乌斯带Ⅱ的木刻画也很有意思。如果让一只不会飞、只能生活在二维空间的蚂蚁沿着莫比乌斯带爬行。假如这个带子足够宽，蚂蚁只能向前爬，那么它可以一直向前爬下去，却不能发现这个带子是否有正有反。用更严谨的话来表达，假定你在一个点上竖一根垂直的杆子，或者称为曲面上该点的法向量，然后将杆子保持与纸面的垂直一直向前挪动，结果你会发现当杆子运动到背面该点位置时，这根垂

直杆子的方向与最初正面的方向刚好是相反的。一个点上出现了两个相反的垂直杆子，这种矛盾的情况导致莫比乌斯带面上的点都没有确定的方向，称为无定向的曲面。

在三维空间中，这种二维曲面还可以构造，但是否存在一个三维无定向的结构呢？理论上是有的，即克莱因瓶（Klein bottle），如图 13.6 所示。这个瓶子有个神奇的特点。如果有药片放在瓶子里的话，不用开瓶盖就能把药片拿出来。这对于拧不开瓶盖需要找男同胞帮忙的女性朋友们绝对是个福音。因为在三维空间中，能不打开瓶盖就拿出瓶内药片的，似乎只有魔术师可以做到。不过很遗憾，在三维空间中无法构造出真正的克莱因瓶实体，需要更高维度的空间，而这种升维技巧在现实生活中还无法做到。

除了莫比乌斯带和克莱因瓶这两个稍显古怪的几何结构外，日常生活中，我们还能见到大量的几何结构，如甜甜圈、杯子、花瓶等。如何确定它们的几何结构呢？这些结构能否用于人工智能呢？

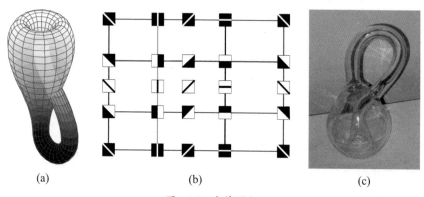

(a)   (b)   (c)

图 13.6 克莱因瓶

（a）克莱因瓶示意图；（b）图像边缘构成的克莱因瓶，不同颜色表示不同的折叠方向[63]；（c）玻璃的"克莱因瓶"（请注意，此瓶与真实的克莱因瓶有本质上的不同，前者存在断面，后者没有，瓶里瓶外是完全不可区分方向的，必须借助四维空间获得）

持续同调

常见研究几何结构的理论，有初等几何、高等几何、射影几何等，再深一点还有研究曲面不变性如高斯第一性、高斯第二性的微分几何，再复杂些就是代数几何（algebra geometry）和代数拓扑（algebra topology）。我们这里不谈这两个数学分支中复杂和抽象的理论，着重介绍拓扑。拓扑是分析几何图形或空间在连续改变形状后仍能保持不变性的理论，俗称橡皮几何学理论。比如一个杯子，如果给它加个把手，它的拓扑结构就变了。因为多了一个洞，它也就没办法在不改变结构的情况下变成原来的杯子了。在拓扑学发展历史中，著名的哥尼斯堡七桥问题、多面体欧拉定理、四色问题等都是其中的重要问题。而如果想直观感受一下拓扑的魅力，不妨买个中国的传统智环类民俗玩具（如九连环）来玩玩，它和拓扑密切相关。

那么如何从拓扑角度判断两个形变的结构具有相同拓扑性质呢？拓扑学家们定义了一些直观的参数。最简单的参数如凸多面体上的顶点数（vertex）、棱数（edge）和面数（face）。利用这 3 个参数的交错和可以确定多面体的一个不变量，叫欧拉示性数（Euler characteristic）。比如三角形，它的顶点为 3，棱数为 3，面数为 2（把外部数在内），那么它的欧拉示性数就等于 $V-E+F=2$。这里我们把顶点视为零维空间，边或棱看成是一维空间，平面看成是二维空间。如果希望向高维空间推广，我们可以继续用这样的交错来估计高维拓扑结构的不变量。不过得换个稍微专业点的名字，叫 Betti 数（Betti number）。如第零维的 Betti 数 b_0 表示连通分量（connected components）的数量，第一维 b_1 表示有圆形洞（circular）的数量，第二维 b_2 表示有二维球形洞（void 或 cavities）的数量。以图 13.7 所示甜甜圈为例，它只有一个连通分量，$b_0=1$；但有两个圆形洞，所以 $b_1=2$；有一个二维结构构成的空洞（void）。那么，它的欧拉示性数则是这些按维数获得的 Betti 数分量的交错和，即 $b_0-b_1+b_2=0$。

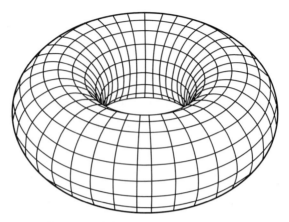

图 13.7　n 维空间的甜甜圈的拓扑示意图

拓扑学的研究在计算机图形学方面有着异常重要的地位，因为图形学里涉及的结构变形、几何结构分析上都离不开它。但是在人工智能里怎么使用拓扑呢？

与图形学不同，人工智能中有的主要是数据。每个数据点都是离散的、有噪声的。如果直接利用拓扑学的概念，并不好处理，因为 Betti 数的估计需要连续的结构。不过幸运的是，数学家们发明了一套新的办法来研究数据中的拓扑，叫持续同调（persistent homology）[64]。名字很学术，理论也相对复杂。所以，我在这里用一个不太精确但可以直观理解的方式来解释。

如果用五线谱来比拟，一个音是一个结构。但人唱这个音的时候会有细微的抖动，通常几赫兹到几十赫兹。如果在这个差异范围内变化，他人听不出来，那么我们仍然可以认为这些音是同一个调的。那么，这个从最小变化到最大不可区分音调的变化区间就是这个音所具有的生命力，称为持续性。另外，如果这个音出现时间非常短，那它就不会被认为是稳定的，可能只是跑调或破音了。要找主旋律，这些生命力短的音可以忽略不计。保留下来的就是那些稳定或有较长生命力的同调的音了。

与音调不同的是，数据中的持续同调是希望找到一些在一定范围内稳定不变的几何结构。那如何去寻找范围呢？科学家们想到了可以用一组能连通的三角形或学术上要求更严谨的名字"单纯复形"（simplicial complex），或半径可变的圆来实现。

如图 13.8（a）所示有 7 个数据点，如果给一组比较小的三角形或半径小的圆，则这些圆在连通意义下不能覆盖全部数据。因此，可以在保证连通性的情况下，将所有数据点通过若干相互连通的圆来覆盖。因为这些圆的大小限制，中间的空洞不会被填充。所以，最终连通成的圆形集合会保留原来的几何结构。我们可以根据这个圆形集合形成的结构来估计它在不同维度上的 Betti 数是多少。这些 Betti 数可以作为数据分析的一组特征，也可以用来估计欧拉示性数。因为数据是离散的，如果要找一个稳定的几何结构，那么可通过增加圆的半径来完成对数据集合的多次覆盖，直到数据集合中的被连通的圆的集合完全填充。最终，原来能看到的拓扑结构如空洞就会终止，而对应的 Betti 数的持续性或生命力也会消逝，并出现新的拓扑结构。

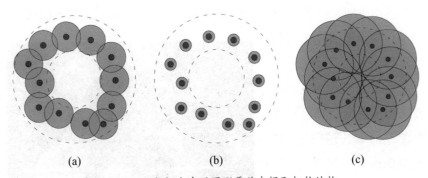

图 13.8　从数据点中用圆形覆盖来提取拓扑结构

从（a）～（c）：采用不同半径覆盖蓝点数据后，可以得到不同的拓扑结构。持续同调需要找到的是具有足够稳定性的拓扑结构

　　我们将稳定的拓扑结构提取出来，与已知目标的拓扑结构进行匹配，这样就能知道数据集合与哪种形式的结构最相似。

　　另外，直接在数据上做推测也不是完全合理的，因为数据是有噪声的。当数据量过大的时候，噪声的波动会破坏原来的几何结构，比如导致原来不在一起的两个位置直接连在短路，形成短路边。所以，我们还得用一些采样技术来适当地稀疏化数据。

　　这样做能否发现一些有意思的现象呢？斯坦福大学的古纳尔·卡尔森（Gunnar Carlsson）教授等人曾经对自然图像做过实验[63]。他们将图像切成若干小块，每块上只有朝向不同的边缘，他们对这些边缘图像块进行采样，然后再利用不断变大的三角形来连通和勾画图像块集合的拓扑结构。结果他们发现自然图像的边缘图像块集合构成的结构和克莱因瓶很相似，如图 13.6（b）。这是第一个与拓扑相关、比较有意思的发现。

　　在实际应用中，还是能看到一些它的应用。比如手语识别上，因为手语的结构具有一定的拓扑性质。我们也曾将其用于图像的目标识别[65]。

　　需要提醒的是，仅用拓扑结构来构造目标识别系统是有风险的。比如图 13.9 所示的、带把手的咖啡杯和实心甜甜圈这种一眼就能区分的目标，从拓扑学家的角度来看却是分不清的。

　　更重要的是，将这类方法用于高维数据分析还存在一个问题：这些基元指标如 Betti 数是基于人对三维空间的直觉来获得的；至于高维空间是否还存在一些特别的基元，人类还无

图 13.9　咖啡杯和甜甜圈的拓扑不可区分示意图

法感知。也许存在更复杂的高维基元，只是无法感知和想象而已。要解开这个难题，或许和解开彭罗斯超弦理论中隐藏的高维结构一样困难。

所以，单纯依赖拓扑结构来完成人工智能中常常面临的预测任务，现阶段很有可能会陷入与"量子计算用于人工智能"一样、看上去很美的尴尬境界，因为"不是不好，时辰未到"。

不过，理解音乐、艺术、数据中的几何或拓扑结构，对于改善对智能体发育和犯错机制的了解，必将大有裨益。

三 我思故我在

我思故我在。这是笛卡儿的一句很有名的哲学命题，意思是我思考了，便证明了我的存在，证明了我躯体的存在。可是，我们是如何确定我的躯体是我自己的，而不是别人的呢？我们有没有可能将其他物体如桌子、椅子甚至虚拟的物品看作是自己身体的一部分呢？

肢体与智能的发育

人类对外部世界尤其是远距离的感知主要通过视觉、听觉来完成，而执行任务则无法仅通过这些感知系统或只靠思考就能实现，虽然人类一直期待能理解和掌握《星球大战》中尤达大师的原力（the force）。记得小朋友小时候曾在外面玩过一款基于脑电波来控制"迷你足球"射门的对抗游戏。当她戴上测脑电波的头盔，手握好金属棒，便开始集中注意力思考，最终轻松战胜了一位比她高半个头的小男孩。后问其经验，告知："无他，手用力抓紧金属棒即可"。虽然近年来在原力的探测上已经有了很长足的进步，如日本的科研机构一直在研究脑电波控制轮椅。但由于时间分辨率和空间分辨率的限制，现有的脑电波检测设备，甚至那些可侵入大脑的检测设备都还无法真正对大脑的思维模式形成全方位的了解，离真正的实用化还有相当的距离。

古人和其他智能体就更不能理解原力了。在无法直接利用原力的情况下，肢体自然就成了执行智能体任务的首选。而直立行走，又让人类向高级智能体迈出了重要一步。尤其在学会农耕种植、有策略的捕食猎物后，负责解决生存压力的肢体便被解放出来，多余的时间可以用来聊八卦、发展语言[66]、玩音乐、跳广场舞；而筷子的使用可能会让国人在移动增强智能体的路上走得更快。因为当西方人还在一手拿刀一手拿叉吃饭的时候，国人已经可以边吃饭、边拿手机做各种拓展知识的训练了，如玩手游、朋友圈聊天。所以，肢体也是智能发育的一个关键因素。然而，肢体的作用并非一出生就在人类这个智能体上显现了。

在最初出生的阶段，人类的肢体几乎毫无作用。相比小鹿出生就能行走来说，新生儿最多能挥挥肉肉的小手、蹬几下腿，理应是食物链上最弱势、最易被淘汰的一类。但偏偏人类不太需要在生存上考虑太多，因为父母的保护已经足够了。如果观察新生儿的发育，就能发现多数新生儿的肢体要到"七坐八爬"这个阶段才开始逐渐施展其能力。多数孩子要到一岁左右的时候才学会直立行走。

可是，从智能体的角度来看，肢体发育的严重滞后性也许并不是劣势，反而在帮助人形成由粗到细的发育结构中起到关键作用。英国科学家德斯蒙德·莫利斯（Desmond Morris）写于 1967 年的关于人类行为的书《裸猿》中，将这一状态称为幼态保持（neoteny）[67]。因为有了肢体发育的滞后以及视觉由粗到细的发育，新生儿才能相对方便和快速地对各种目标建立大概的视觉印象。

在此基础上，新生儿的肢体才开始对目标有了接触。在原有的粗糙印象上，建立了目标的三维结构，了解目标的旋转不变性，学习了目标离自身的远近感。再学会精准地抓取物品，通过触觉感受物体的精细纹理。继而学会了对物体的自动分类，以及目标之间的相互匹配和关联。再长大一点，就到了可以写作业的年龄了。

肢体尤其是上肢帮助人类衍生了太多生存以外的功能，如玩乐器和各种依赖器械的体育运动。它也促进了交流和理解，帮助表达人类的情绪。网络随便查查，便可发现不少分析人类动作和微动作的文献。它还让人对形体有了审美方面的意识。如男性照镜子时总觉得自己像肌肉男，女性则总觉得自己太胖了。在某种程度上，这可以看成是性别差异形成的身材错觉。

肢体发育成熟后，甚至能够脱离视觉和听觉的影响，依然可以独立完成多种任务，比如在黎明来临前闭着眼准确地把床头柜上提醒上班的闹钟关掉再继续睡。这说明肢体已经具备了类似 GPS 般的精确定位能力。

如果不信，大家不妨试试闭上眼睛，将一只手放在额头上，另一只手的食指碰到鼻子，再把食指碰到另一只手的小指。相信大家都能完成。这个过程没有借助视觉，是大脑通过神经对肢体运动的精确预测和控制来完成的。学术上称其为本体感觉（proprioception），是身体运动器官如肌肉、肌腱、关节等在不同状态（运动或静止）时产生的感觉。

看似轻而易举的运动功能，它的获得其实经历了一段长的学习过程，从视听觉、触觉的感知到不借助这些感知器的本体感觉，再通过对躯体各种运动模式的反复学习，烙印在大脑皮质运动功能区，最终固化。现在我们能研究的智能机器人，多依赖于视觉、红外、超声等传感设备，如果关闭这些，它还能像人类一样只依赖本体感觉来正常抓取物体吗？这应该是值得研究的问题。

我们也很难想象，没有肢体的发育，智能体能发育到怎样的程度。所以，有科学家认为，肢体是智能发育的必要组成部分。如果只研究大脑，不分析肢体的作用，不帮助肢体学习运动功能，可能无法完全理解智能。比如密歇根（Michigan）大学的翁巨扬教授研究的自主心智发育（autonomous mental development）[68]，就将肢体发育看成是智能体自主心智发育的重要环节之一。

可是，肢体是如何被认同为自己的，而不是别人的呢？这涉及肢体认知上存在的一些错觉。

幻肢错觉和出体错觉

自己的肢体之所以被认同为自己的，而非他人的，是一系列感知系统的协同作用获得的，包括视觉、听觉和本体感觉等。如果在这些联动环节上出了问题，就有可能产生肢体错觉。它包括生理缺失引起的、本体感觉引起的和人为诱导的3种错觉。

生理缺失的错觉，称为幻肢错觉（phantom limb），常发生在截肢后的患者身上。患者会感觉被切断的肢体仍然存在，且在该处尤其是离截肢位较远的远端会非常疼痛。根据临床报告，有50%以上的截肢患者术后有幻肢痛的经历。痛感的感受有多种，有电脉冲式的电击痛感，也有切割痛感、撕裂或烧伤痛感。截至目前，对幻肢痛的发生原理，有两种相对合理猜测。一是认为截肢后会出现大脑皮质功能重组（cortical reorganization），一是认为体表某些区域如双侧面部、颈部、上胸部和上背部存在诱发幻肢痛的触发区（trigger zone）。但总体来看，仍无统一的意见，也没有有效的办法来治疗幻肢痛。

本体感觉引起的错觉，则是由于协调机制出了问题导致的。其中最著名的错觉是亚里士多德错觉（Aristotle illusion）。如果将两个相邻的手指，如中指和食指，交叉后去摸自己的鼻子或者物品如一颗豌豆，有些人会感觉有两个鼻子或两颗豌豆。原因是大脑从没有考虑过相邻手指可以交叉后摸物品，因此仍会像平时一样，将手指外侧传导来的信号单独处理，导致知觉分离，产生两个物体的错觉。

还有一种错觉与多传感器集成（multisensory integration）的不一致有关，即人为诱导的错觉，它涉及人是如何认知自己的躯体是自身的。瑞典卡罗林斯卡（Karolinska）研究所的亨里克·埃尔森（Henrik Ehrsson）教授及其研究小组对"人是如何将肢体视为身体的一部分、为什么我们会感觉自我在躯体内"这一问题进行了长期的研究[69-76]。他认为人对自身的认知是多传感器集成，即视觉、触觉和这些感觉以外的体感系统（本体感觉）共同感知的结果。因此，如果将这几种感知方式剥离开来，也许就能让人产生身体的错觉。为验证其理论，他尝试做了一系列的试验。

他首先发现的现象是基于橡皮手错觉的（图 14.1）。首先，实验员移动每个参加者的左食指，使其触摸到右边橡皮手食指的关节，同时，实验员触摸参加者右手的食指。实验中需保证触摸这两只手的动作要尽可能同步。当两只手触摸物体的频率在 1Hz 时，过了 10 秒左右后，人就能产生橡皮手是自己的错觉。实验员也发现异步触摸或非一致性模型（如使用毛笔而不是橡皮手的物品），则错觉不容易出现。

之后，他做了进一步的实验。他给测试者戴上一个有显示器的护目镜，并在测试者的身上放置一个摄像头，让测试者视觉上看到的是身后摄像头拍摄的情形。然后他左右手各拿一个小棍，左手的棍子可以触到测试者身上，右手则是对着摄像头虚空挥舞（图 14.2）。

在训练一段时间后，埃尔森教授拿着锤子对着摄像头挥过去，结果测

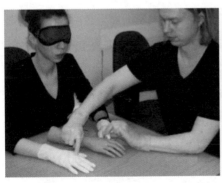

图 14.1　橡皮手错觉[70]

图 14.2　出体错觉实验的设置[71]

试者产生了身体错觉，有明显的向后仰的情况。这说明，测试者把摄像头"看到"的当成了"自我"。他将这个现象称为出体错觉（out-of-body illusion）。除此以外，他又做了一组实验，在一个虚拟人的头上安装了一个向自己身体下方看的摄像头，对测试者也同样处理。结果发现，如果对虚拟人的腹部进行锤击时，测试者也会误以为是对自己的身体在锤击。他推测这是由于第一视角导致的"自我"的互换。同时，当测试者产生"身体交换错觉"时，他们也观测到测试者参与动作的视觉引导位置、腹外侧运动前皮质（ventral premotor cortex）会变得很活跃。这种"自我"的互换甚至在不同尺度的情况下也能发生。比如，让测试者平躺着，戴着护目镜，然后在摄像头前放一个人形的玩偶，但尺寸只有约 30cm 长。重复这一过程后，如触摸玩偶的手、用很小的积木去撞玩偶的脚，都让测试者误以为是在自己身上的操作。但是，他也发现如果用桌子、椅子来替代时，则不会有这种自我的反应。

基于以上实验和观察，埃尔森教授认为要想让人产生完全"自我"的身体错觉，需要 4 个基本要素，第一视角、拟人的身体、看和感觉刺激的同步以及看和感觉刺激的空间一致性。满足这 4 个条件，我思，很有可能看到的就不是真正的自我了。那这些错觉对智能体的研究有何可借鉴的地方呢？

虚拟现实、外骨骼与身材

不妨看看当下的两项人工智能相关新技术，一项是大家熟知的虚拟现实（virtual reality, VR）及其推广技术。如将真实世界与虚拟世界无缝集成，将计算机生成的场景、信息叠加到现实世界中，就是增强现实（augmented reality, AR），如谷歌眼镜。如果在虚拟环境引入现实场景，在虚拟、现实世界与用户之间形成交互的反馈回路，则为混合现实（mixed reality, MR）。不管是 VR、AR 还是 MR，都希望提高用户的沉浸感和体验环境的真实性。有些还会在戴上虚拟现实眼镜的同时，增加立体声声场刺激。在商场中能见到的、与虚拟现实相关的娱乐设备，还会增加辅助设备（如旋转椅）或可接触身体的机械传动装置（如背部的触摸杆），来让人有更真实的体验。

而这些技术，很少有考虑过如何将"自我"错觉有效地融入 VR、AR 或 MR 中。但从前面所述内容不难看出，"自我"错觉能帮助获得更好的、身临其境般的体验感。在理想情况下，甚至有可能实现像史蒂文·斯皮尔伯格拍摄的电影《头号玩家》的情景：在虚拟的世界中你能真正感觉到"自我"的存在和意义。虽然每个人在这个世界中只是个动画人物，但如果该人物的躯体和自身的躯体在"多传感器集成"意义下，变得不可区分时，那人类在未来虚拟世界的生活时间就很可能会等同甚至超越真实世界了。

其次，"自我"也能增强外骨骼的应用。汽车驾驶员都知道，要让驾驶水平达到人车一体的感觉，拿到驾照只是开始，至少开过两三千公里后才会有"人车一体"的感觉。而未来人类如果希望获得行动能力和人力不可及能力的提升，装备外骨骼可能是一种最直接有效的办法。而如果希望更快速地让人习惯和使用外骨骼，形成人与外骨骼一体化的体感，"自我"错觉的介入显然是有帮助的。有些实验者，可以通过控制让测试者错误以为自己有"第三只手"。另一个极端的例子是针对截肢患者的肢体接入。如果将"自我"错觉引入，则会让患者认同自己的假肢，从而可能避免幻肢痛的困扰。不过从埃尔森教授报道的实验结果来看，目前"自我"错觉的持续时间还不长，还难以实现长时间的"自我"认同[74]。因此，要利用"自我"错觉来治疗幻肢症还有很大待完善的空间。但可以肯定的是，充分利用好"自我"认知的错觉，将会有利于我们更灵活地使用如"钢铁侠"般的外骨骼装备。

另外，"自我"认知的错觉还能影响人对身材的满意程度，减少与满意程度相关的疾病，如厌食症。最新的研究表明，人视觉上感知的身材满意程度与触觉获得的是不同的。因此，未来也许可以考虑利用多传感器集成的方法来减少人对身材不满意的错觉，从而减少相关疾病的发生 [76]。

说不定在若干年后，当电池续航时间、通信效率、载重问题得到有效解决后，我思，真不一定只是故我在了，也许还有虚无缥缈的我在，三头六臂的我在，甚至其他千奇百怪的我在了。

如果把视觉错觉、听觉错觉、躯体错觉都看成是身体传感方面的错觉，那有没有更抽象、更高一级的错觉呢？下回书表！

三⑮ 可塑与多义

人之初，性本善；性相近，习相远。苟不教，性乃迁；教之道，贵以专。昔孟母，择邻处；子不学，断机杼。窦燕山，有义方；教五子，名俱扬。养不教，父之过；教不严，师之惰。子不学，非所宜；幼不学，老何为？玉不琢，不成器；人不学，不知义。为人子，方少时；亲师友，习礼仪。

——《三字经》

作为国学启蒙书籍之一，《三字经》在知识的简洁表达上做到了极致。寥寥数笔，人的性格养成、子女教育、礼义廉耻就言简意赅地表达了。在让人知道学区房重要性的同时，也反映了另一层事实，后天的学习可以帮助近乎"白纸"、最初相近的人类形成了多样性的"远"。

从人工智能的角度来看，《三字经》的表述方式很符合 1978 年乔尔玛·里萨南（Jorma Rissanen）提出的最小描述长度原则（minimum description length，MDL）[77]。直观来说，就是在给定表达集合的前提下，产生最大压缩效果而又不丢失信息或知识的表达是最好的。虽然背后的原因可能是毛笔字太难写，能少写就尽量少写。反观现在流行的说唱，似乎可以称为最少时间描述，因为需要用最少的时间完成最大的信息量传递。

虽然《三字经》强调学习的重要性，但关于语言是如何习得的，却没有涉及。

语言学习的次序与可塑性

对于新生儿来说，获得语言能力的时间比获得视听觉能力的时间要晚不少。在最初的 2~3 个月，新生儿最多会发出简单的象声词，会哭会笑。到七坐八爬的时候，开始能理解大人的简单对话，尤其是当内容与婴儿可以接触到的物体相关时。但要学会说话，还得耐心地等到 1 岁半左右。2 岁以后，才能发音或清晰或含糊地跟成人交流了。

由此可见，在人类的智能发育中，尽管从出生开始就沉浸在相对单纯的语言环境中，儿童的语言习得却具有很明显的滞后性。这种滞后性一方面与声带练习需要时间有关，而这种练习可能是为了配合人类由粗到细的学习模式，是演化的结果；另一方面也可能与人脑在建构具体到抽象概念的认知结构的次序有关，即更抽象的语言学习需要建立在能通过感官感觉到的概念的基础之上，如通过视觉、听觉、触觉获得的概念。

在交流变得通畅后，儿童的语言学习就开始飞速前进了，最后会进入稳定期，一如成人一样。不过并非年龄越大，学习语言的能力就越强。比如，在外语学习方面，有一个比较有趣的拐点错觉，即 12 岁以前学习外语往往被语言学家们认为是黄金时期。夸张地讲，这个阶段的儿童在全英文环境下获得的英文提升能力的效率，大概是成年人在相同环境下的 6 倍左右。

这似乎与直觉有些相悖，因为成人的学习能力、学习方法、注意力都应该更高效。但是，儿童学习外语的优势恰恰又在于这个弱势，即他们仍处在一个没有完全把母语的语言结构固化的阶段。由于没有固化，就不容易受到母语的影响，就有可能形成两个相对更独立的语言认知模型。反观成年人的外语学习，多数人在阅读英文文献时，可能都会下意识地先在大脑里翻译成中文再去找对应的英文意思。结果，成年人要完全脱离母语去思考英文就需要更长的调整时间。这说明成年人的多语言结构中母语具有更强的优先级，且对新语言的学习会形成明显的干扰。而儿童的母语结构的优先级并不明显，因此在语言学习时有更强的可塑性。很有意思的一点是，这种可塑性是在构造由粗到细的学习模式的中段而非终段发生的。

如果比较一下当今人工智能对新模式的学习策略，就能发现，多数是在模拟终段的学习。不管是零样本学习（zero-shot learning）[78-79]、一个或少量样本学习（one-shot or few-shot learning）[80]、迁移学习（transfer learning）[81] 还是领域自适应（domain adaptation）[82]，它们都假定了有某一已知的、（接近）固化的结构在其中，或是分布，或是几何结构，或是其他某种假设。如果能研究一下人类在发育的不同阶段的学习模式，说不定能让目前极容易固化的机器智能得到更强的可塑性。

语言学习中的整体与局部认知

语言学习有其基本的规律，首先要学会的是识字。儿童识字的过程是从看图说话开始的，读书是从图画书逐渐过渡到少图甚至无图的书籍。这说明了具体与抽象的匹配在人的前期认知建构非常重要。那么，人在识字时是如何记忆每个字符的呢？

一种可能是基于由粗到细、由整体到局部的记忆模式，因为这与人的视觉发育机制吻合。可以用来佐证整体记忆的例子是如下的乱码阅读：

The nghit bferoe lsat,jsut berofe dnienr, wihle my ftaehr was lkooing trhugoh the envenig pepar, he sdduelny let out a cry of srpusrie. Letar he epxinaeld: "I had tohhugt taht he had deid at laset tewtny yares ago. But can you bleeive taht my fisrt tcheear, Mr. Crossett, is sitll liivng?"

这段文字选自于 1984 年人民教育出版社的高级中学英语第二册第一课《Portrait of A Teacher》。打乱字母次序后，看上去很混乱，但稍微懂点英文的，应该能不太费力地将每个拼错的单词自动纠正，并把全文正确读出来。

它表明人在记忆英文单词或句子时，会优先进行整体认知。只要单词中的第一个和最后一个字母次序保持不变，人就可以准确识别。整体认知的情况在汉语中同样存在。不妨阅读下面这个句子：

研表究明，汉字的序顺并不定一能影阅响读，比如当你看完这句话后，还没发这现里的字全是乱的。

显然，只要没改变每个短句的第一和最后一个汉字，相邻字的次序交换也不会影响阅读和对句子意思的理解。整体认知也能解释惯用简体字的国人为什么能比较轻松地识别多数繁体字。因为多数情况下，繁体字与简体字的字形是相近的。甚至当汉字产生字体变化时，如楷体、宋体、行书，基本也不影响人对汉字的理解。当然，"医生体"除外。

另外，整体认知也方便人识别和记忆未知的汉字。当识别结构相似、发音也相同的汉字时，如"喽"和"楼"、"景"和"憬"、"援"和"媛"，就能够快速地获得正确的发音。如果观察儿童早期的文字识别，可以发现，当他们遇到不认识的字时，会在大脑中寻找认识的、相似字形的字来匹配，并推测未知字的发音。但当遇到结构相似、发音不同或多音的汉字时，如"锦"和"绵"、"流"和"毓"、"途"和"徐"，则可能形成错误推广。比如把"什锦糖"错读成 shén mián 糖。这些错误和正确的推测，表明儿童在建构语言记忆模型时，可能会将字形结构类似的字放在相近的记忆模型中，以提高学习的效率。

语言断句和释义的歧义性

认知心理学的分支之一、格式塔心理学强调了整体认知的重要性 [11-12]。然而，这一理论目前还没有形成太好的量化机制或程序化方法来，它使得机器对需要整体认知的问题还一筹莫展。除此以外，语言的歧义性也使得人类在语言理解上，较机器更灵活和智能，甚至多了些茶余饭后的文字游戏。如以下示例：

1. **自然语言处理领域常用来示例的歧义句:**

南京市长江大桥　是"南京市 / 长江大桥"还是"南京市长 / 江大桥"？

2. **网络中流传的两个段子:**

（1）改编自金庸的《神雕侠侣》:

来到杨过曾经生活过的地方，小龙女动情地说:"我也想过过过过儿过过的生活。"

（2）"行"字句:

人要是行，干一行行一行，一行行行行;

要是不行，干一行不行一行，一行不行行行不行

3. **古诗新解:唐代诗人杜牧的千古名作之一、七绝诗《清明》:**

> 清明时节雨纷纷，路上行人欲断魂;
>
> 借问酒家何处有，牧童遥指杏花村。

因为诗句和意境表达的优美，一些人将这首名诗做了很多改编，形成了十余种形式，读起来别有一番风味。举例来说，如果不按古诗的格式，而是按散词的形式来断句，就会多一层俏皮的感觉:

清明时节雨，纷纷路上行人，欲断魂。

借问酒家何处？有牧童，遥指杏花村。

不仅如此，我们还可以将此诗改写成微型短剧:

时间:清明时节

背景:雨纷纷

地点:路上

精神状态:行人欲断魂

对白:借问酒家何处有？

另一主要人物:牧童

动作:遥指

远景：杏花村

可见汉语在语意表达上是相当丰富的。汉语的多义性让这类例子不胜枚举，再看两例同义/反义和多义的例子：

1. 同义/反义

当中国女排获得世锦赛冠军时，媒体既有"中国女排大胜美国女排"，也有"中国女排大败美国女排"报道，那到底是大胜还是大败呢？

2. 多义性

上司："你这是什么意思？"小明："没什么意思。意思意思。"上司："你这就不够意思了。"小明："小意思，小意思。"上司："你这人真有意思。"小明："其实也没有别的意思。"上司："那我就不好意思了。"小明："是我不好意思。"

请问以上"意思"分别是什么意思？

这些都是机器理解中文自然语言的难点，而国人因为有背景知识的支持，理解起来就相对容易了。除了语言自身的特点，视听觉系统也会对语言的理解有着重要的作用。

视听觉对语言的影响

俗话说"千言不如一画"，对于视觉优先的人类而言，图画能提供更丰富和具体的信息。可是，如果语言搭上图画的包装，将字面的意思用图画的形式表述出来，那即使是人，也得思考半天才能理解语言的意思。比如根据苏轼的一首诗《晚眺》来进行书写（图15.1）。原文是：

长亭短景无人画，老大横拖瘦竹筇

回首断云斜日暮，曲江倒蘸侧山峰

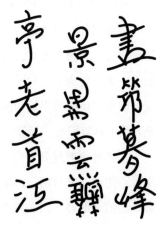

图15.1　苏轼的《晚眺》

图 15.1 则将诗中的形容词"长、短、大、横、瘦、断、斜、曲、倒、侧"等通过视觉的方式融入诗里的名词中，让原本已经很美的诗更添加了一丝画面感。

要让机器来理解这种有画面感的诗，需要分析字体的大小关系、方向性、断字情况、反向书写、局部字体变化与诗词的关系。这些无形中加大了机器分析语言的难度，更不用说理解字画的意境了。

不仅视觉能影响人对语言的理解，听觉也能影响。同样的语句，重音不同，想强调的内容就差不少。比如：

明天别忘了带笔记本电脑去学校！

如果重音在"明天"，则是强调时间；如果重音在"别忘了"，则是强调记性；如果重音在"笔记本电脑"，则是强调带的物品；如果重音在"学校"，则是强调要去的场所。

可见视听觉的融入会不同程度地影响对语言的理解，导致机器分析的难度上升。

语言与音乐的循环游戏

除此以外，对语言的巧妙设计还能衍生出不少有趣的结构，如回文诗。汉语回文诗有很多形式，如从诗的末尾一字读至开头一字可成新诗的通体回文、下一句为上一句回读的双句回文、每句前半句与后半句互为回文的就句回文、诗的后半篇为前半篇回复的本篇回文、先连续至尾再从尾连续至开头的环复回文，等等。

虽然什么时候开始有回文已无从考究，但从古诗词中可以找到不少回文诗。传说北宋时期，苏小妹与长兄苏东坡六月荡舟西湖时，收到她丈夫秦少游捎来的叠字回文诗书信（图 15.2），"静思伊久阻归期忆别离时闻漏转静思伊"。

苏小妹冰雪聪明，很快便悟出其中奥妙，将诗解读出来：

静思伊久阻归期，久阻归期忆别离。
忆别离时闻漏转，时闻漏转静思伊。

并回诗一首"采莲人在绿杨津一阕新歌声濑玉采莲人"。苏东坡见状，不甘寂寞，也即兴提笔赋诗一首"赏花归去马如飞酒力微醒时已暮赏花归"。

比较类似的回文诗是明末浙江

图 15.2　秦少游的连环诗《相思》

才女吴绛雪写的四首《四时山水诗》，均是由十字组成的辘轳回文诗。其中，春景诗由"莺啼岸柳弄春晴夜月明"解读为：

春景诗：

莺啼岸柳弄春晴，
柳弄春晴夜月明。
明月夜晴春弄柳，
晴春弄柳岸啼莺。

而夏景诗"香莲碧水动风凉夏日长"、秋景诗"秋江楚雁宿沙洲浅水流"、冬景诗"红炉透炭炙寒风御隆冬"均可通过上述方式解读成诗。

宋代李禺写的夫妻互忆回文诗《两相思》也很有意思，正着读是《思妻诗》：

枯眼望遥山隔水，往来曾见几心知？
壶空怕酌一杯酒，笔下难成和韵诗。
途路阻人离别久，讯音无雁寄回迟。
孤灯夜守长寥寂，夫忆妻兮父忆儿。

倒过来读就变成《思夫诗》了：

> 儿忆父今妻忆夫，寂寥长守夜灯孤。
>
> 迟回寄雁无音讯，久别离人阻路途。
>
> 诗韵和成难下笔，酒杯一酌怕空壶。
>
> 知心几见曾来往，水隔山遥望眼枯。

清代诗人李旸写的诗《春闺》则是一首通体回文诗：

> 垂帘画阁画帘垂，
>
> 谁系怀思怀系谁？
>
> 影弄花枝花弄影，
>
> 丝牵柳线柳牵丝。
>
> 脸波横泪横波脸，
>
> 眉黛浓愁浓黛眉。

在英文中，也有很多回文，称为 palindrome。如用来纪念美国前总统西奥多·罗斯福在任内取得巴拿马运河开凿权的句子"A man, a plan, a canal-Panama!"就是典型的回文，正反都是一个意思[①]。

我们甚至在音乐作品中，也能见到回文的影子。如巴洛克时期著名的德国作曲家、管风琴演奏家巴赫的作品《音乐的奉献》（英语：*The Musical Offering*；德语：*Musikalisches Opfer, BWV 1079*）中的"Thema Regium"（"国王的主题"）[26]。这首曲子源自于巴赫与腓特烈二世在 1747 年 5 月 7 日波茨坦国王住处的一次会面。因为巴赫的作曲很有名，国王席间便为巴赫提供了一段长而复杂的音乐主题，命他作首三声部赋格。完成后，国王又让其作首六声部的。巴赫回家两个月后，便完成了国王的任务，称为《音乐的奉献》组曲。其中"国王的主题"很特别（图 15.3），它的旋律既可以正

---

① 这首英文回文句由利·默瑟（Leigh Mercer）发表在 1948 年 11 月 13 日的 *Issue of Notes & Queries* 上。

着演奏，也可以逆着演奏，且可以将正的和逆的做成两个声部同时演奏，因此被称为"镜像卡农"。因为这样的旋律走向很像螃蟹走路，也将其称为螃蟹卡农[①]，而非回文的命名。还有人把这种旋律看成是一种莫比乌斯带上的循环。据说巴赫业余时间喜欢读与他同时期，但已声名大震的数学家莱布尼茨的著作，说不定他这种数学味很浓的组曲的灵感来自于莱布尼茨，因为后者曾说过"音乐是数学在灵魂中无意识的运算"。

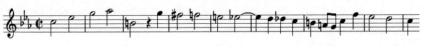

图 15.3　《国王的主题》乐曲片段

所以，研究语言在儿童期的学习过程以及与视觉、听觉相关目标的学习次序，可能对于我们构建真正的智能体是有启示性作用的。我们是否应该一开始就从高层语义的语言着手来设计智能体，还是应该按金字塔式的结构，对视听觉及其他感官系统的构建给予更高的优先级呢？而能否将文字游戏中隐藏的各种奥妙解开，也许是真正理解语言的途径之一。

如果不看、不听、不摸、不说，智能体还能学习吗？请听下回！

---

① 螃蟹卡农视频链接：https://v.qq.com/x/page/l0616bmt8hk.html

梦、顿悟
与情感

三⑯ 庄周梦蝶与梦境学习

　　凌晨一点多，又度过了节奏明快、高强度工作的一天。熄灭灯，安静地躺到床上，闭上眼睛，调整下呼吸。没几分钟，一阵熟悉的感觉袭来，身体开始向大脑发出睡眠的信息。那感觉，就像是舞台上的灯光在谢幕后一排一排地依次关闭，躯体表层的感官细胞似乎也如潮水退去般逐层在"停止"它们的功能。很快，与床垫的接触感消失了，身体的沉重感无踪了，随之而来的是下坠感，身体一直往下坠。好在不会像第一次出现时那么惊慌失措，我甚至有些享受这种急速下坠的感觉，因为我已经能在下坠时控制身体的姿态。我也知道再坚持一会儿，就会旋转着穿越一条长长的、漆黑的隧道，跃入繁星点点的天空，自由、缓慢地飞行了。

这是我偶尔能在快要入睡时，零距离观察自己做梦的体验。对于梦呢，历史上有各种各样的诠释。早期文明认为梦是人类能进入另一个真实的物理世界的唯一通道。现代理论则一直在争论做梦的意义，有认为其只是生理机制，也有认为它是心理必需，或是两者的组合。著名的奥地利心理学家西格蒙德·弗洛伊德对自己的梦进行过近两年的自我分析，从压抑和性的角度出发，于 1900 年出版了经典名著《梦的解析》[83]。曾与他合作后又分道扬镳的瑞士心理学家卡尔·古斯塔夫·荣格在其自传《荣格自传：回忆、梦与省思》中也对梦给予了不同视角的分析[84]。中国古代也有一本居家旅行必备、民间流传甚广、靠梦来卜吉凶的《周公解梦》。而汉语成语对梦有更简洁的解释："日有所思，夜有所梦"。梦在《周礼·春官》中还被分成了6种类型：正梦、噩梦、思梦、寝梦、喜梦和惧梦。多数书中对梦的分析集中在精神层面、因果分析或心理治疗上。但是，睡眠与梦对智能体的学习有何作用或启示呢？

睡眠周期

睡眠对智能体来说，是必不可少的休息方式。在睡眠期间，智能体会降低对外界刺激的反应和与周边环境的交互，相对抑制感知系统的活动以及所有随意肌（voluntary muscle）的活动，利用这段时间对全身各种系统进行保养调整。由于不用进行剧烈运动，能耗的需求也降低了。但能耗并非没有，如8小时睡眠后人的体重可能减轻300~400g甚至更多，所以，充分睡眠是有助于减肥的。

智能体在睡眠时的活动，没有日常生活时激烈，但也不像昏迷或其他有意识障碍方面的疾病那么缺乏活力。根据眼动的频率，睡眠可以区分成非快速眼动相睡眠（non-rapid eye movement，NREM）和快速眼动相睡眠（rapid eye movement，REM）两个明显不同的模式。据说NREM能改进记忆能力，而REM则可以增强创新性的问题求解能力。正常情况下，成年人会先进入NREM，再转到REM，平均下来，两者相加的时间约90分钟。再重复这一睡眠周期，一次良好的睡眠有4~6个周期。关于NREM，美国睡眠医药协会还将其细分成3个小的阶段，因此一个睡眠周期包括5个阶段，N1 → N2 → N3 → N2 → REM[85]，其中N3被称为Delta睡眠或慢波（slow-wave）睡眠，而在自然醒阶段REM的比例会增加。前4个阶段的次序有时会出现变化。但如果先出现 REM，再有 NREM，那可能就是身体过于疲劳了。

值得一提的是，虽然大部分的梦发生在 REM 阶段[86]，近年来的研究表明，梦也会在其他阶段发生，只是频率要低得多。梦境多是以第一人称的形式出现，并会伴有各种"感觉"，如视觉和移动。好在正常的睡眠有其保护机制，它会将身体的运动功能瘫痪掉，并在大脑醒来前恢复。这样你就可以安全地在梦中游走、跑酷、练降龙十八掌，也不用担心把枕边人踢到床下面去了。不过，也存在小概率的情况，即在做这类梦时运动功能恢复了。

目前关于做梦主要理论之一是约翰·艾伦·霍布森（John Allan Hobson）和罗伯特·麦卡利（Robert McCarley）在 1977 年提出的激活 - 合成假想（activation-synthesis hypothesis）理论[87]。该理论认为梦是在 REM 阶段，由大脑皮质中神经元的随机触发引起，然后前脑再创建一个故事来将这些无意义、荒谬的传感信息融合并使之有意义。这一理论解释了许多梦的古怪本质，但也只能解释梦的部分现象。据不完全统计，人的一生平均有 6 年的时间会用来做梦。那是否可以利用做梦来帮助智能体改善学习效率呢？还是像民国女作家萧红建议的，"生前何必久睡，死后自会长眠"，把睡眠时间缩短些呢？

梦境学习

假设梦除了休息、帮助我们调适情绪、抒发内在的心情和担忧的功能外，还是一种学习方式，那么它和我们人工智能中常见的学习模式有何区别呢？

粗略来说，涉及学习的人工智能方法主要有两种，一种称为监督学习（supervised learning），也称为有教师学习，另一种称为无监督学习（unsupervised learning）或无教师学习，俗称自学成材。监督学习的特点是学习的时候，每给一个样本，就会赠送个标签。比如人脸识别中，张三就是张三图像的标签。如果给 10 个人的 10 张人脸加上各自的标签，就有 100 张有标签的人脸图像。这些图像可以构成一组训练集，帮助训练一个人脸识别的模型，使之能对未知的人脸图像有好的识别性能。训练集的多少往往决定了识别性能的优劣。比如目前已经在国内的很多高铁站、机场设置的人脸识别或认证系统，其性能稳定和优异的原因之一是训练集里的样本规模非常大。而另一种学习方式，非监督学习，则无须标签输入。它主要是根据样本集合中的某种结构或相似关系来将样本聚成多个类别。比如图 16.1 所示、格式塔心理学中提到的根据（黑白）点的疏密程度来自动聚类，就是人或智能体的一种无监督学习模式。

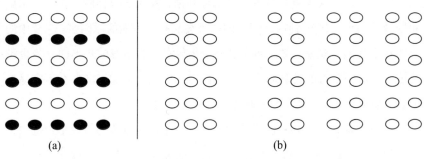

图 16.1　无监督学习
（a）自动根据黑白程度聚类；（b）根据疏密性聚类

除此以外，介于监督和无监督之间的为弱监督学习。举例来说，我们手机拍照后会留下大量的照片，这些照片很少会贴上标签或说明。类似的，在互联网上也存在大量的未标注样本。但这些样本之间存在某种结构关系。在不依赖人力对样本进行过多标注，结合这些未标注样本的信息和少量有标签样本一起来训练预测模型的方式，就是弱监督中的一种，即半监督学习。还有基于这 3 种模式衍生出来的其他学习方法，但大同小异。

与人工智能常见的这些学习方法相比，梦有以下 4 个不同的特点。

第一，学习是需要样本或特征输入的。但是，按激活 - 合成假想理论，梦境中输入的特征随意性比较大。而且，从大多数报道的情况来看，梦境中的视觉图案模糊，不如真实视觉系统获得的细腻。不仅如此，做梦也常出现在睡眠的稍后部分。所以，堀川（Horikawa）等在研究时，为了节省实验的时间，曾试图在测试者睡眠刚开始而不是深度睡眠时，通过叫醒并记录对梦境的文字回忆来重建视觉信息[88]。但这仍是一种间接方式，真正的图像还很难直接从人脑中提取出来。另外，梦在多数情况下是灰度的，没有颜色。当然有些艺术天赋好的，偶尔也会梦到彩色，甚至很精细的彩色图像。值得指出的是除了视觉外，其他"感官"系统如大脑里的"嗅觉"也会参与梦的构成。

第二，梦是很少重复且容易被忘记。据说醒来 5 分钟后，我们会忘掉50% 梦的内容。10 分钟后，90% 的内容会忘掉。可能的原因是：①梦中的影像并不强烈、模糊，缺乏细节描述；②与常规的学习模式不同，梦也没有传统学习中常见的关联和重复性。所以，不像白天的行动那么不容易忘记，这使得梦很少被认为是一种潜在有效的学习方法。

第三，梦有助于创新性成果的产出。一个广为流传的传说是，德国化学家凯库勒（Kekule）曾在梦中看到旋转的碳原子，其长链像蛇一样，头尾相连成圆圈。因此他悟出了苯环的环状结构，形成了世界有机化学界最轰动的成果之一。很多音乐家如贝多芬据说也能在梦中寻找到灵感。不过因为梦里的故事都只能由当事人来表述，所以很难获得客观性的实证，包括凯库勒的故事也有不少置疑的声音。

第四，梦不是特定任务的学习，每个梦的故事线都不同，且具有时间的连续性。需要注意的是，这一故事线不管是贴近现实还是异常奇幻，都与做梦的主体曾经有过的经历相关。比如没坐过火箭，人就不可能有与火箭驾乘感一致的真实体验。

显然，直接利用平时的梦来促进学习的难度是很大，但并非说完全用不了。举例来说，霍布森（Hobson，2009）的研究认为 REM 睡眠与体能相关技能的学习相关，而与死记硬背之类的记忆关系较小 [86]。对这种相关性，他们从"婴儿和幼儿较成人有更多的 REM 睡眠"获得了事实上的支持。

不仅如此，国外还有研究团体专门研究如何让梦参与学习。粗略来说，可以分成三类。一种是提高梦的召回率，即把梦境里的内容尽可能记下来，属于被动式学习。其方式也相对简单粗暴。比如在睡前，暗示自己要记住自己的梦；或者把笔和纸或手机放床边，方便随时醒来记下；或者试着慢慢地醒来以维持在最后一个梦的情绪里；或者多喝点水以确保半夜能从梦中醒来。

第二种为主动式梦境学习。与平时的做梦方式不同，这是一种特定的做梦形式，叫**清晰梦境**（lucid dreaming）[89]。直观来说，做梦的人能意识到他在做梦，他能控制梦中人的姿态、梦境的叙事方式和环境。比如多数与飞行相关的梦都是清晰梦境的结果。研究表明，这种梦境有可能帮助智能体学习。据估计，在美国只有不到 10 万的人能有清晰梦境的能力 [89]。

清晰梦境的研究最早可以追溯到 1959 年，法兰克福大学希望发展一套有效的技术来诱导梦境。到 1989 年，德国梦研究家保罗·托利（Paul Tholey）提出了反射技术（reflection），并成功诱导。该技术的不足是，整天都得询问自己是醒着还是睡着了 [89]。

随后，斯坦福大学清晰研究院（Lucidity Institute）的史蒂芬·拉伯格（Stephen LaBerge）和琳恩·莱维坦（Lynne Levitan）等学者也就此进行了广泛的研究。他们提出的"现实测试"（reality testing）和"清晰梦境的记忆诱导"（mnemonic induction of lucid dreams，MILD）目前是清晰梦境研究领域最成功的技术之一 [89]。不像反射技术，MILD 只需在晚上进行提醒。它要求实验者睡觉前需暗示自己记住梦，然后集中注意力识别什么时候在做梦以及记住它确实是梦。然后再沉思重新进入最近的一个梦，并思考它确实是梦的一些线索。同时，还可以想象在梦里将会做什么。最后，不断重复"识别什么时候在做梦"和"重新进入一个梦"的步骤，直到睡着为止。

另一种主动式梦境学习是梦境孵化（dream incubation），即学会在某个要发生的特定梦境主题里种下一颗种子[89]。比如反复暗示自己要做一个关于化学实验的梦。那些相信能通过梦境来求解问题的人，可以利用这一技术来诱导梦境到特定的主题。与清晰梦境的主要区别在于，梦境孵化将注意力集中到了更特定的问题上。

基于以上的讨论，可以推测，除了常在心理学和生理学中讨论的功能如发展个性、增强自信、克服噩梦、改善大脑健康外，梦境学习可能有助于形成创新性的问题求解。如果条件成熟，清晰梦境甚至可能变成一种"世界的模拟器"或"大脑中的平行世界"。它允许人类在更安全的环境下学习各种技能，学习生活在可以想象的任意世界，经历和选择各种可能的未来。不仅如此，史蒂芬·拉伯格还尝试过用眼动来辅助，让做梦的人与观察员实现梦中交流，尽管这种交流还十分有限。

另外，梦境中的学习效率可能比我们以为的要高，其原因是睡眠状态中的时间是主观而非客观的。比如唐代《枕中记》，卢生的"黄粱一梦"竟然在一顿饭的睡眠时间里，享尽了一生的荣华富贵。虽然是小说里的夸张手法，但或多或少也表明了，人们主观感觉到的梦境时间要比客观时间长。因此，利用可以做梦的 6 年时间进行高效学习也不是不可能。

在未来星际旅行中，睡眠中学习说不定也能起重要作用。就我所知，现在还没有哪部科幻片和科幻小说讨论过如何充分利用睡眠和做梦机制来帮助学习的。

庄周梦蝶与缸中之脑

我相信每个人都会做梦，不管是否能够记住，都会有错把梦当成现实的时候或者"醒来后"发现实际还在梦里的经历。

关于梦的这种错觉，古今中外都曾有过一些很有意思的哲学层面的思考。举例来说，战国时期的道家代表人物庄周在其作品《庄子·齐物论》中曾有一段描述：

昔者庄周梦为蝴蝶，栩栩然蝴蝶也，自喻适志与，不知周也。俄然觉，则蘧蘧然周也。不知周之梦为蝴蝶与，蝴蝶之梦为周与？周与蝴蝶，则必有分矣。此之谓物化。

这段故事谈到了庄周梦见自己变成了蝴蝶，以至于在梦中不记得自己是庄周，直到醒来后才方知自己是庄周（图 16.2）。于是，他产生了一个困惑，究竟自己是庄周梦见的蝴蝶，抑或是蝴蝶梦见的庄周呢？

古代讲述这种疑问的故事在世界上有多个版本，如印度教的玛雅错觉（Hindu Maya illusion），柏拉图的山洞寓言（Plato's allegory of the cave）以及 1641 年笛卡儿在《第一哲学沉思录》中冥想的邪恶恶魔（evil demon）。

在当代，美国著名哲学家希拉里·普特南在其 1981 年著作《理性，真理和历史》中提出了缸中之脑（brain in a vat）的问题[90]（图 16.3）：

假定某人（比如你自己）被邪恶科学家实施了手术，大脑被剥离出来

图 16.2　庄周梦蝶（选自明代陆治
　　　　《幽居乐事图》册）

图 16.3　缸中之脑

并与身体分离，放在图16.3中的培养液中，然而利用先进技术将大脑的神经末梢连接至计算机上。计算机会根据预设的程序向大脑发送它需要的各种信息，使大脑产生一切都正常的幻觉。这种情况，对你来说，一切都和平时无异。你喜欢的人、事、物，你爱的运动、身体感觉都通过计算机来百分百逼真的还原，偶尔还会给点大脑之前保存的记忆，让你有怀旧的感觉。也可以通过计算机模拟复杂场景，让你产生参加鸡尾酒会、和朋友交谈、开怀畅饮的幻觉。

在这个情形下，你如何确保你自己不是在这种困境之中呢？

事实上，有不少影视作品与这一哲学问题相关。如1999年开始上映的《黑客帝国》系列电影，剧情里"正常的现实世界"实际上是由"矩阵"的计算机人工智能系统控制着。再如2010年克里斯托弗·诺兰的电影《盗梦空间》，即使到了剧终，那旋转的陀螺还是让人猜不透是在现实中还是梦里。2018年1月上映的电影《移动迷宫3：死亡解药》中，米诺被WCKD邪恶组织控制着，连着外部计算机的大脑就像缸中之脑一样，使他长时间活在恐怖幻觉之中，饱受精神折磨。在2018年3月上映的电影《升级》里，人工智能芯片被移植到男主角身上后，成功地将男主角的大脑思维困在"缸中之脑"中，给其营造了一个虚幻的世界，而真正的躯体则被人工智能芯片接管了。

在这些假设中，之前提及的笛卡儿的名言"我思故我在"似乎已不是那么明显的成立。因为缸中之脑也能"思考"，但它的"自我"认知却可能是被人为加到大脑上诱发的错觉。结果，这一哲学问题长期困扰了很多对人工智能及相关领域感兴趣的研究人员。甚至刚去世不久的物理学家霍金也曾于2016年4月在媒体上表示过"在区分梦和现实上，人类还无能为力，只有等我们能真正了解意识和宇宙后，才有可能"（原文：But we humans just don't and perhaps can't know if we are living in our dreams or reality, at least not until we start to understand more about consciousness and the universe）。

　　如果目前的能力还无法做到有效区分，那么抛开哲学问题不提，我们应该可以通过梦境实现与现实相等价的学习。我们也可以利用这种不可区分性，在未来战争中形成新型攻击模式，即对敌人实施"缸中之脑"式的攻击，比如让其为攻击方服务而不自知。

　　不管何种攻击，都源自大脑在神经和认知方面的错觉。那实际生活中，认知存在错觉吗？

三 ⑰ 灵光一闪与认知错觉

公元前 245 年，古希腊叙拉古城的赫农王命令工匠制作一顶纯金的王冠。工匠完工后，国王感觉不放心，对着重量没变的王冠左看看、右看看，总怀疑工匠把里面的金子换成其他材料了。可是，没证据又不好明说。跟大臣们说起此事，他们也只能面面相觑。后经过一个大臣的建议，国王请来了当时最有名的数学家阿基米德帮助鉴定。阿基米德看了半天，也不清楚要怎么测。又冥思苦想了多日，毫无头绪，便想泡个澡舒缓下心情。跨进装满水的浴盆后，他发现水的涨落似乎和他的站起坐下有关，而且坐下时还能感受到水向上对身体的托力，身体也随之变轻了。他恍然大悟，原来可以用测量固体在水中排水量的办法，来检测物体的体积。那也就能根据制作王冠材料的密度与体积之间的关系，来推测王冠是否造假了。

一瞬间他豁然开朗，跳出了澡盆，连衣服都忘记穿了，一路大声喊着"尤里卡！尤里卡"（Eureka，希腊语：εύρηκα，意思是我知道了）。阿基米德由此破解了王冠称重的难题，发现工匠欺骗了国王。更重要的是，他因此发现了浮力定律，即物体在液体中得到的浮力，等于物体排出液体的重量（图 17.1）。

图 17.1　阿基米德与浮力定律 [91]

科学发现靠什么呢？有不少重大的发现靠的是灵光一闪，如阿基米德洗澡时想到的浮力定律或阿基米德定律，俄国化学家门捷列夫玩扑克牌时发现的元素周期表。这种感觉可以用宋朝夏元鼎《绝句》中的"踏破铁鞋无觅处，得来全不费工夫"来形容。国人管灵光一闪叫"顿悟"，西方则把它称之为 Eureka effect（尤里卡效应，或称为 Aha moment 和 Eureka moment）[91]。

与人皆有之的、来自潜意识自然反映的直觉不同，顿悟虽然也是潜意识的反映，但相对神秘。目前在学术界，关于顿悟的发生仍然争论不休。其在脑区发生的精确位置未知，而且在何种环境下能发生也未知。所以，阿基米德只好泡澡来启发思考，而量子电动力学的创始人之一费恩曼则爱在泡酒吧的同时顺便做研究。

从文献的总结来看，顿悟这种思维方式包括两个部分：首先是在某一问题上已经进行了长时间的思考，但陷入了困境。尽管尝试了能想到的各种可能性，仍不得其门而入。突然某一天在某地，令人意想不到的就有了灵感，并快速找到了问题的答案。而且，该灵感不必依赖原来已经僵化的解题逻辑或结构，甚至需要"跳出三界外"，才有可能获得。

一般认为，它有 4 个特点：①它是突然出现的；②对该问题的求解是流畅、平滑的；③通常有正面效应；④经历顿悟的人相信它的解是真实和正确的。这 4 个特点往往需要组合在一起才能见效，如果分开了就很难获得灵感或顿悟[91]。

尽管关于灵感仍无合理的解释，但可以推测它的形成机制不是突然凭空在大脑中加速形成的，应该与人类已经学习好的某些结构具有关联性。那么，它和我们哪种思维方式比较相似呢？如果能找到其中的关联，也许我们就能设计具有类似创造能力的人工智能体。

我们不妨了解一下人类认知中普遍采用的两种思维方式：快思维和慢思维，以及快思维中存在的直觉统计错觉[92]。

认知错觉

人类经历了长时间的演化，发明了语言、制造了工具、建立了几近完备的数学理论体系，并通过其他智能体不可能具备的、长时间的学习来帮助提高知识水平。然而，很多高阶能力并不见得会在日常生活中起主导作用。比如，我们虽然会在大学学习微积分，但绝大多数情况下，我们只需要知道用电子表格填下数字就行了。甚至在需要缜密计算时，有时候人类还是会凭自己的经验或直觉来优先进行判断。

举个极端情况的例子，为什么在股市中专家的建议经常不怎么管用呢？实际上，多数专家在做分析时，都是按《经济学原理》来指导和建议的，目的是对投资组合进行利益最大化。总不能说经过了千锤百炼的经济学原理有严重不足吧，可为什么股民很多还是很容易被割韭菜呢？因为实际上偏好理性决策或慢思维的人并不多，尤其在股市瞬息万变的时候，能做深层次思考、计算的机会会更少，股民往往会凭自己的直觉或快思维来做快速决策。可是，这些决策很多时候是远离了专家建议的最优决策。

美国普林斯顿大学的心理学教授卡纳曼和其前同事特沃斯基对人的两种思维方式进行了深入研究。他们从**直觉统计学**（intuitive statistics）的角度出发，发现了一系列有趣的现象，于 1974 年在《科学》（Science）上发表了一篇社会学领域引用最高的关于不确定性判断的论文[93]，后进一步形成了**展望理论**（prospect theory，也有称前景理论）[94]，并且卡纳曼因为这些成果于 2002 年获得诺贝尔经济学奖①。尽管获得的是经济学奖，但其理论体系详细地阐述了智能体存在的认知误区。

他们发现人在做很多复杂任务判断时，并不会用缜密的思维去计算每个事件的概率，反而会借助于少量的启发式技巧来做更为简单、快速的判断。这些判断策略在绝大多数情况下是有效的，不然人很快就会在自然进化中被淘汰。但是，这种判断策略有时会导致严重和系统性的错误，而人类却不见得会意识到，即使是受过训练的专家也是如此。

比如我们在判定物理量如距离和大小时，常通过启发式的规则来做主观的概率评估。看得越清楚的物品通常会被认为距离更近，反之更远。虽然这种规则在一定情况下是有效的，但也可能会带来系统性误差。如在"立霾"后，就很容易把距离估计得远一些，以至于有可能需要依赖听觉来辅助识路。而类似的系统性偏差在概率意义的直观、启发式判断中广泛存在着。

根据卡纳曼和特沃斯基的理论，人类在快思维中，会有 3 种评估概率的启发式策略：①**代表性**（representativeness），常用于"当人被询问要判断一个目标或事件 A 属于类别或过程 B 的概率"的情形。②实例或场景的**可用性**（availability），常用于"当人被询问要评估一个类的频率或者一个特定发展的可能性"时。③**从锚点的调整**（adjustment from an anchor），常用于"当一个相关值可用时的数值预测"。这 3 种启发式策略高度的经济，一般也有效，但它们容易产生**系统偏差**和**预测偏差**。具体来说：

---

① 特沃斯基过早去世，因而没能获奖。

（1）代表性

当测试者被给予不同的概率比例暗示时。比如做问卷调查时，如果告诉测试者，某人是码农的概率是 60%，农夫为 40%。在无其他信息时、测试者会根据这些概率来判定一个人的职业；但在缺乏概率信息时，如果引入某段毫无价值却有代表性的描述时，比如告知测试者平时常见的码农衣着打扮是格子衫或条纹衫时，测试者就很容易被这个暗示影响，导致不正确的结论。这是由于人对于**结果的先验概率的不敏感性**形成的。

另外，由于人们对事件发生的可能性进行评估时往往依赖于直觉，因此很少考虑事件的样本数量形成的影响。如小样本情况下产生的波动性要明显大于大样本。但人直觉上很容易认为两者的波动性是一致的。这是人对于**样本规模存在不敏感性**引起的。

对于机会，人类也存在概率错觉，常以为远离随机性的事件不是太可信。比如，局部有规律的行为并不会影响和否定全局随机性，但它却会误导人们形成不合逻辑的推理。这种误解被称为**赌徒谬误**（**gambler's fallacy**）。它让人们以为一系列事件的结果会隐含某种自相关的关系。比如 A 事件的结果影响了 B 事件，就推测 B 是依赖于 A 的。比如最近天气转晴，连续几天大太阳就会让人高概率担心周末会下大雨。而赌徒则认为如果一直手气不好时，那么再过几把就能翻盘回本甚至赚钱的概率就很大。这些都是概率错觉或赌徒谬误导致的结果。

不仅如此，在作预测时，人类更多会偏好用自己手头现有的材料作判断，而非真正需要预测的结果，即**对可预测性不敏感**。比如在招聘时面试官容易受面试表现影响，即使面试者的材料准备得更充实可信，但面试官还是会过分相信自己的判断，**形成验证性错觉**（**illusory of validity**）。而这种错觉最终会被**均值回归**（**regression toward the mean**）检验并现形。其原因在于，人的表现容易受运气成分影响，导致某个时刻的发挥异常精彩或失常。但时间一长，就会回到正常的表现上去。这也能解释为什么现在上海和一些地方的中考要考察初二开始的每月、期中和期末考试成绩，本质上是为了避免"一锤子买卖"引起的验证性错觉。

（2）可用性

我们评估事件的概率或某类别发生的频率时，会根据曾经经历过或知道的事情和例子来联想。比如我们会根据在新闻中报道的飞机失事，来判断飞机失事率的高低，而较少考虑飞机与其他交通工具的实际失事比例。又比如，我们会根据周边的同龄人或朋友出现心脏病意外的情况，来评估自己可能得心脏病的风险。这种判断的启发式称为**可用性**。然而，可用性往往受频率或概率以外的因素影响，如搜索集的有效性、可想象性（imaginability）、错觉相关性（illusory correlation）和示例的可遍历性（retrievability），导致产生**预测偏差**。

关于**搜索集有效性**，卡纳曼和特沃斯基曾做过一个实验。他们询问测试者英文字母 r 或 k 在第 1 个字母还是第 3 个字母出现的次数更多。多数人回答是前者，因为直觉上更容易想到第 1 个字母为 r 或 k 开始的单词，而要想到在第 3 个出现的单词时，则需要费点脑筋。而实际上作为辅音，r 或 k 会更多出现在第 3 个字母上 [93-94]。

在**可想象性**方面，如果评估示例不在记忆中的类别的概率，此时人就需要按某个规则来估计。这种情况下，人会生成多个示例，然后评估其可能性。比如，我们在做商业计划时，会想象可能碰到的各种风险以评估其失败的概率。由于想象的信息并非真实情况，所以会引起偏差和认知错觉。

人也在产生**错觉相关性**，如对两件共同发生的事情。卡纳曼和特沃斯基曾让几个假装的精神病患者画画，然后让测试者根据给定的诊断结果判断他们是否有偏执狂或疑心病，以及判断画的画有没有独特的视角。从测试者判断结果来看，测试者大概率会形成有相关性的判断，如认为疑心病与独特视角之间存在相关性。这称为**错觉相关性**。其原因是因为之前形成的成对相关性的印象，会导致了随后产生预测偏差。

（3）从锚定点的调整

当我们在做决策时，会将某些特定的数值或状态作为起始点，而后的调整会因为此起始点而受限，从而影响最终的决策方案。其原因在于我们给了最初的信息或起始点，比如给予那些明显的、难忘的证据过多的权重和重视后，就容易产生歪曲的认识。比如我们常说的第一印象就是一种**锚定效应**（anchoring effect）。《唐逸史》中所说的唐明皇时期，钟馗为终南山人（镇宅赐福圣君），因为相貌丑陋应举不中，羞愧之下触殿阶而死。这是为第一印象所累。正面的锚定效应也有，比如光环效应，一个帅气和自信的讲者，总能让人听报告时觉得产品物超所值，当然也更容易被报告忽悠。这还是为第一印象形成的锚定效应所累。

为了证实锚定效应，1974 年卡纳曼和特沃斯基曾做了一个有名的实验。他们要求测试者估计非洲国家在联合国的席位百分比。首先，测试者需要旋转一个有 0~100 数字的罗盘，根据停下来的数字做初始决定。测试者将被告知所选择的数字比实际值大或小，然后测试者可以向上或向下调整估计值。结果，他们发现这些随机选择的数字对最终结果有明显影响。初始值为 10 和 65 的两个小组，最终调整的平均值为 25 和 45。由此可见，初始状态设定后，确实会引起锚定效应，限制人解决问题的范围。

因此，深入理解这些启发式规则，有助于改进在不确定情形时人的决策和判断能力。但也需要注意，这些不足并不是否定我们人类的直觉能力。正如大部分时间我们都是健康的，但偶尔也会生病一样，直觉也是如此，并非一直都是对的。即使统计学家也不见得会是一个好的直觉统计学家。近年的研究表明，除了这些启发式规则外，技能也有助于形成直觉判断和选择，如专家更依赖于其长期的训练获得的经验，而会相对少的依赖启发式规则。有时候，技能和启发式规则会交替产生影响，促进人们形成快思维方式 [92]。

在很多情况下，直觉都是由个人的偏好如喜欢不喜欢，而不是精细的思考或推理来驱动。但当直觉思维得不到解决方案时，人类会自然转向一种更缜密、需要一些努力的慢思维方式，或称之为理性思维阶段。此时，通过漫长学习期获得的知识就会更多地派上用场。

总之，在实际生活中，人类更习惯于快思维，只在问题难度上升到一定程度后，才考虑慢思维，两者经常在无缝地交替使用着，但很少会思考其中的差异和潜在的风险。

认知错觉与顿悟

人类智能体除了具有快和慢两种思维方式以外，还有独特的顿悟能力。而顿悟的最终迸发似乎又是一种接近快思维的方式。那么，我们现有的人工智能模型有没有可能复制这些机制呢？

如果只考虑预测性能，人工智能模型的"慢"的思维方式在某些领域确实已经占了上风。2017 年以来各大人工智能顶级会议上的论文投稿数量剧增，人脸识别、图像检索领域的识别率已优于人类的能力，这些都可以佐证人工智能在利用复杂模型进行预测的方面有了明显的突破。但是，"快"的思维方式这块则还有明显的差距。

其原因，一是缺乏人类学习的可塑性；结果，人工智能模型只能沿着固化的模型结构来完成指定任务；二是缺乏对"不同结构、不同模态的网络之间的联系"的学习；三是未考虑认知错觉或直觉统计学的可借鉴性。

如果以现有的深度学习模型作比拟，也许可以将认知错觉当成一种浅层思维方式。即在深度模型被充分训练和拟合后，在做快速判断时，并不一定需要经过深层次的结构来实现判断。而是像现在深度模型一样，在训练好的浅层区有一个直接连到输出端的跳连接（skip connect）。换个角度来说，如果假定人类构建的模型具有由粗到细的结构，当大脑中枢认为比如80%的识别率也能保证其正常生存时，就会直接从相对粗糙的浅层位置跳连接到最终的结论输出端，以促进快思维的形成。

另外，要实现顿悟式的学习，也许可以考虑利用不同结构间的相似性。比如 AlphaGo 下围棋时，就不是完全依赖常规的规则判断，而是创新性地借助了图像处理和计算机视觉的办法来帮助分析围棋棋局的胜负。这从某种意义来看，是一种**跨模态的结构学习**。那么，一个自然的问题是，这种结构迥然不同却面向相同任务的模型之间有没有可能通过自动学习来获得呢？如果可能，也许人工智能体实现顿悟就有希望了。

当然，我们也不能忽视梦可能对顿悟形成的作用。数学家亨利·庞加莱（Henri Poincare）曾说过："作为一种无意识的思考方式，它却能帮助形成突破困境的结果。"

除了顿悟和认知错觉，智能体还有什么感觉也可能以浅层思维或快思维模式为主呢？

 情感与回忆错觉

> 两岁的路比对小区里的雌比熊很是着迷。为了能听到她的声音，他会长时间地后腿直立着、前脚扶着窗檐傻傻地站很久。后来，那主人把雌比熊送走了。他才接受事实，慢慢淡忘了。过了许久，有天在回家路上，碰巧遇见雌比熊的主人，路比仰头闻了下，似乎想起了什么，居然跟着那主人到了对方家楼下，隔着门在那儿站了许久。我想，路比大概是回忆起他那触不到的爱情了吧。

因为一时心软，换来了需要时时照顾和遛遛的路比。既养之，就爱之，我也顺便观察和思考他的发育和情感表现。走路，路比和我们一样，都是潜意识地直觉反应，不会去关注路面的细节。而作为人类驯化了数千年的动物，狗可能也是最能理解和分享人类情感的动物[66]。但狗的感情流露更加直接、毫不掩饰。两相比较，让我有些明白，人类的基本情感表达、快思维和非人智能体的区别并没有那么明显，很多方面甚至是相似的。那么，情感是什么呢？它有多重要呢？

情感

情感是人或智能体与机器最明显的区别之一。古文中将情感做了细分，认为人有七情六欲。七情的定义，儒家、佛教、医家略有不同。《礼记·礼运》

中道:"何谓人情?喜、怒、哀、惧、爱、恶、欲,七者弗学而能。"而我们常说的七情指喜、怒、哀、乐、惧、爱、恶。六欲的记载最早见于《吕氏春秋·贵生》:"所谓全生者,六欲皆得其宜者。"后人将其对应到人的眼、耳、鼻、舌、身、意的生理需求或愿望,即见欲(视觉)、听欲(听觉)、香欲(嗅觉)、味欲(味觉)、触欲(触觉)、意欲。

不管是哪种情感,人类和非人智能体最基本的情感,都是源于直觉,源自这种快思维方式的表达。渴和饥饿时,新生儿会自然地通过大喊大叫大哭来表达;而动物的愤怒和害怕则是为了防御和保护[95]。这些是求生的本能,不需要事先学习任何复杂的数学运算和人情世故。甚至于爱,从其本原的意义来看,也是一种本能,是为了能更好地向后代传递基因而形成的,促进智能体相互做优化选择的本能。

随着人的成长,通过父母、家人、学校的教育和社会的融入,情感的表达逐渐从基本的本能和生存需求向更高层次发展,并糅合到生活的各个方面。人类学会了记载、传播情感,能把情感写进文字、唱入歌声、播到音乐中。人类也能通过这些来分享、体会他人的情感。人类还学会了控制情感,把情商(控制情感、情绪的能力)锤炼成成功的三要素之一,与智商、时商(管理时间的能力)相提并论。古人在情绪控制上也给出了不少善意的建议,如清代画家郑板桥的"难得糊涂"和北宋文学家范仲淹在《岳阳楼记》中的"不以物喜,不以己悲"。

但情感、情绪是如何在大脑中表现的呢?文献上众说纷纭,马文明斯基在其书《情感机》中认为,这种看上去简单的情感表达可能是由复杂的多个小资源(resources)来组成的,不同的情绪由不同的小资源组成。他认为简单是表象,复杂是隐事实[95]。这有些像苹果手机的设计理念,简单的操作留给用户,而背后的复杂则留给工程师们。也许大脑经过漫长的演化后最终也以这一形式来表达了它的功能,包括情感、情绪。

那么，这种复杂是如何在大脑中形成其结构的呢？马文明斯基给了些线索，即结构是层次的，首先有直觉的情感，然后才有高层、抽象的情感[95]。如果我们将该线索和之前谈到过的由粗到细的结构以及快思维和慢思维方式结合起来，再审视下情绪的控制方式，似乎能找到一些端倪。

虽然人类已经学会用社会规则来约束和控制自己，使得真实的情感不容易被表露出来，但有时会失控。比如有些家长看到小朋友作业做得慢，就很容易把原本像拳头一样收得好好的情绪打开来，暴露出自己的暴躁脾气。从某种意义来看，这就是快思维接管慢思维、本能或直觉压倒自控能力的后果。

不仅从脾气控制上能看到情绪的变化，人类还有可能从肌肉的细微变化分析真实情感的表达。有研究曾发现，某个有自杀倾向的人在视频前一直表现得很开心。然而，心理学家通过回放视频，却发现其中有两三帧该患者有极度痛苦的表情。心理学家将这种短暂易逝的表情称为微表情。因为 1 秒可以录制 30 帧，所以 2~3 帧持续时间的状态很难通过主动控制情绪，或通过慢思维控制来获得，而更可能是潜意识下真实情绪的表现。结果，有效识别微表情也就成为检测人的真实表情或情绪的可行策略之一[96]。

反过来再看下，现有人工智能框架下的情感分析模型，似乎更关注预测能力，不管是用深度学习还是经典的机器学习方法。即使是分析自然语言中的情感，也很少考虑情感可能具有的结构性。只关注预测的弊端在于，我们实际上并没有真正理解情感。结果，基于这类模型获得的情感很难让人体会到真正的情感。举个例子，日本某机构曾经研制过一个可回答问题的服务机器人，然后将其放在幼儿园中。一开始，小朋友们都非常开心，愿意跟机器人一起玩，询问它各种问题。但过了几天后，服务机器人就被闲置在一边了。因为小朋友们很快就发现了，这只是一台机器，而不是能互动、可以分享情感的智能体。显然，在情感的生成和构造机制还没完全弄明白之前，我们现有技术能做出的机器人，还远不如宠物狗更能让人产生情感上的依赖和责任。

人与机器的回忆

除了以上所述情感，还有一种对人类和非人智能体至关重要的，那就是回忆。因为每天都在接触新事物，人类需要定期清理大脑中的硬盘，留出空间学习新知识。可是并非所有的内容都会被格式化，因为我们需要有东西回忆来维系情感。在多数情况下，人类会构建用于回忆的文档，保留每条信息中有意义的、关键的细节，去掉可忽略的细节。回忆的内容可以是一张人脸、一段场景，诸如此类。然而，回忆具体存在哪里，据我所知，仍不是很清楚，也许真是在记忆的最深处。

但它能帮我们回想起过去。比如有些人偶尔可能在梦中回想起那触不到的爱。有些人看到一个许久未曾谋面的人或听到某段很久以前曾听过的音乐时，会感觉很熟悉，有种"似曾相识燕归来"的感觉，然后会突然把人的各个细节或音乐回想起来。有时候甚至会令人难以置信，走在路上，突然就哼起一段已经 30 年未曾唱过的歌曲。可是，在大脑容量有限的情况下，人类智能体为什么要存储这种如果不想起也许一辈子都用不着的东西呢？

再比较看看现有的人工智能技术是如何处理记忆的。机器常把要回忆的知识视为一个时序序列，早期常采用隐马尔可夫模型来模拟对时序信息的记忆。简单来说，就是模型中会有好几个与时间相关的状态，其中当前时刻的状态依赖于前一个或多个时刻的状态。也有采用在线学习的方法来形成记忆。而近年来的深度学习，针对时序数据的处理，主要采用 RNN（循环神经网络，recurrent neural network）[97]、LSTM（长短时记忆网络，long short-term memory）[98] 和 Conv-LSTM（卷积 - 长短时记忆网络，convolutional-LSTM）[99] 等。这些模型的目的都是为了能尽可能根据新的数据分布的变化，来有效调整模型，以改进对新数据的预测能力。从统计上来看，即我们不太希望数据与数据内在的分布总是被假定成一致的，总是假定每个数据是独立从相同的内在分布中采样得到的，即独立同分布性假设，而是希望数据的采集更贴近实际情况，即数据分布会随时间而改变。因此，模型在建构过程中不可避免地会引入遗忘机制。

可是，现有机器遗忘内容的方法与人类及其他非人智能体的处理有本质区别。因为机器的"遗忘"是为了适应新数据的分布，而不会考虑保留的信息对回忆、情感的意义。而人类保留信息的目标并非完全是为了适应新的数据分布，而是用这些片段来帮助自己回顾个人的人生、体会曾经的酸甜苦辣。对于艺术家和文学家来说，回忆也是创作的重要源泉。这些都造成了人与机器的本质性区别，即机器缺乏对真实情感的需求。所以，机器遗忘机制在方法论上隐含的假设应该是：**机器不需要回忆，它只需要按人类既定的指标要求，实现精准预测即可。**

回忆错觉

人的记忆还有个很独特但也有趣的现象，即回忆错觉。虽然现在有很多多媒体如照片、视频软件工具可以帮助人类形成连续性的回忆，但人对以往的记忆存在不连续性，尤其对 2 ~ 3 岁以前的事往往很难记住。这与大脑在发育过程中，由粗到细的认知结构产生了较显著的变化有关，导致原有的记忆无法通过后来形成的认知模型还原或恢复。**这是认知模型变化导致的回忆缺失。**

另外，人在存储回忆信息时具有主观性，有时会不自觉地选择值得记忆的去记忆，而舍弃那些不愿意再想起的，因此，会不可避免地形成选择性回忆或**主观回忆缺失**。比如我因为初高中的成绩惨不忍睹，对那段时间能回忆起来的东西就很少，除了记得父母不太愿意参加家长座谈会以外。

尽管有回忆，人的回忆也并非完全可靠的，可能还会人为地给自己的回忆贴上莫须有的东西。2018 年网络上有个帖子似乎能佐证这一点，就是韦唯原唱、宋祖英唱红、1991 年乔羽填词为第四届中国少数民族运动会创作的会歌《爱我中华》。对多数人来说，歌词应该是这样的：

五十六个民族五十六支花

五十六族兄弟姐妹是一家

五十六种语言汇成一句话

爱我中华爱我中华爱我中华

嘿罗嘿罗嘿罗嘿罗嘿罗嘿罗

可是，歌词第一句实际是这样的："五十六个星座五十六支花"。但是，几乎很少有人会记得是"星座"而不是"民族"，因为数字"五十六"的原因，人的记忆会非常自然地把它与"民族"挂钩，而非讨论了半天也没明白为什么是作者选择的"星座"。这也是回忆错觉的一种，称为曼德拉效应（Mandela effect），是指很多人都发觉对同一事物的记忆与事实有出入的现象。一种可能的解释是人在删除信息后，重建的时候更容易将与记忆最紧密相关但不一定正确的内容联系，并还原完整的信息。

图 18.1　美国第 40 任总统罗纳德·威尔逊·里根

更有甚者，还有可能把自己的回忆强行建立在不真实的记忆上。正如哲学家尼采所说，"谎言说了一千遍也就成了真理"。莱昂纳多主演的烧脑电影《禁闭岛》（Shutter Island）中就塑造了具有这种回忆的角色：精神分裂的莱蒂斯，为了逃避现实中的痛苦经历，在精神中塑造了另一个自己，并孕育了一个完整的故事和"回忆"。

除了这些，还有一种令人揪心的"回忆低级格式化"导致的回忆障碍，那就是阿尔茨海默病（Alzheimer disease，老年痴呆症的一种）[100]。它的特点是，人会一点一点把自己的回忆抹掉，如美国前总统里根（图 18.1）后来记不得自己曾当过总统，被称为"光纤之父"的高锟（图 18.2）在 2009 年获得诺贝尔物理学奖时已经不记得自己在光纤方面的成就，还有更多患者会在患病后记不起自己的家人。据估计，全球有超过 3500 万人患有老年痴呆症，每 7 秒就新增一名患者，而中国则拥有世界上最多的老年痴呆症患者。有研究表明，这可能是基因长期演化形成的一种"自毁"机制。只是以前在正常的自然环境生存时，人类的寿命还活不到需要启动这种"自毁"机制，因此患病数量远少于现在。还有研究发现，在老年痴呆症患者的大脑里有"老年斑"现象（即纤维状类淀粉蛋白质斑块沉积，英文名 senile plaque）（图 18.3），并以此来推测老年痴呆症发生的风险。遗憾的是，到目前为止，人类也没完全明白它的机制，不少相关的研究仍是空白。

图 18.2　"光纤之父"高锟

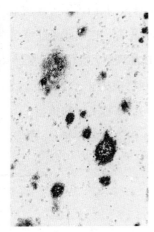

图 18.3　淀粉样蛋白 β
免疫染色显示
的"老年斑"

不管是否存在回忆错觉，生理的、心理的，回忆都是人类维系情感的重要组成部分，而情感又是人和非人智能体区别于机器的重要标志。

要设计一个真正逼近智能体的人工智能体，也许不应只依赖于大数据、图形处理器（graphics processing unit，GPU）的并行计算能力，毕竟我们对智能体的了解还太浅、太少。哪怕是一只从没学习过数学、两岁大的小比熊具备的情感，现有的服务机器人尽管考虑了各种复杂的数学模型，仍然还不能望其项背。这里面显然不纯粹是计算能力的问题，更关键的是对情感甚至智能形成的基本原理缺乏颠覆性的思路。

我不怀疑现有的人工智能模型可以以足够高的精度来预测智能体的情感状态，但我比较怀疑这些模型是否能真正明白什么是情感？什么是回忆？如果在建模时，缺乏从直觉情感到深层次情感的递进建模过程，缺乏形成智能体个体与众不同的多样性，那么还原出来的情感也只能是机器的机械表现。

也许，我们可以考虑重拾"观察"这个古朴的研究方法，去深入了解情感的发育，比如儿童的情感发育。考虑到人类儿童期过于漫长，也可以观察最能理解人类情感、成熟又比较快的宠物狗的情感、常识发育。

到目前为止，本系列讨论了个体在视听觉、语言、认知、情感等方面存在的多种多样的错觉。但是，要促进智能体的相互发展，必须要组成群体、构成社会。那么，智能群体中的回忆是如何体现的呢？群体有没有错觉呢？

群体
智能

三 ⑲ 群体的情感共鸣： AI 写歌，抓不住回忆 ①

湘潭

作词：平猫

湘潭 总出现梦里　　　　　　回忆多是从前

梦里 玩耍中的我　　　　　　天真得像小孩

踢街边的水去一中　　　　　　跳下围墙游雨湖

魂绕梦萦的　　　　　　　　是盼你快回的父母

每逢佳节来临　　　　　　　我都想回湘潭

听那亲切的湘音　　　　　　嗑那家常琐事

在飘着槟榔味的小城　　　　有我童年的伙伴

湘潭 留着我的　　　　　　是那颗心

和我在杨梅洲江边走一走　　喔……

直到窑湾的灯都熄灭了也不停留

我爱深吸江边的风　　　　　我爱伫立望衡亭边

走到十八总的尽头　　　　　吃碗满溢湘（乡）情的米粉

---

① 本节的缩减版《从歌声中谱写游子思乡》发表在《中国科学报》2019 年 2 月 11 日的博客版。

如今春节已在即　　　　　我开始计划回程

没什么能够阻挡我　　　　归家的思念

不管路途多遥远　　　　　事情有多繁忙

湘潭 还有我的　　　　　　一份情

和我 登韶峰 看日出似火　喔……

敢叫日月换新天的传奇　　流传万代

徜徉德怀乌石故里　　　　重温湘大美好时光

走到城里头的里面　　　　点份臭豆腐和嗦螺

和我在湘潭的江边走一走　喔……

看那列车城铁飞驰两岸　　从不停留

和我在湘潭的江边走一走　喔……

直到两岸的灯都熄灭了也不停留

我会去逛昭山古寺　　　　我会去看关圣殿

停在路边的农家乐　　　　吃有紫苏的水煮活鱼

和我在湘潭的江边走一走　喔……

直到两岸的灯都熄灭了也不停留

写于 2019 年 1 月 9 日

自 2012 年以来，人工智能（artificial intelligence，AI）方面的成就是硕果累累，在与预测相关的领域中似乎都能大获全胜，如 2018 年初 AlphaZero 下出了颠覆 300 年围棋棋谱的创新围棋开局；如在张学友演唱会中通过人脸识别技术多次抓到犯罪嫌疑人。在艺术领域，通过风格迁移技术，AI 也能画出与印象派画家类似的作品。在文学创作方面，微软的机器人"小冰"甚至出了本诗集。在音乐领域，AI 不仅能形成动听的旋律，还推出了一些流行歌曲。甚至还推出了虚拟歌手，如基于日本雅马哈公司的 Vocaloid 软件推出的"初音未来"和我国在其汉化版上推出的"洛天依"。在 B 站上还能听到洛天依的一些原唱歌曲，如《达拉崩吧》。洛天依也因其独特的形象和电子音色的演唱方式收获了不少粉丝。人们不禁有些担忧，是否艺术这块天空，比如写歌，也会于不久后被 AI 占领呢？

要解开这份疑惑，我想用我上面改编的《湘潭》的歌词来分析一下人类和 AI 在写歌上的本质区别。

我是湖南湘潭人，2019 年初因临近春节，老乡群吆喝着要聚会，我平时又喜欢唱唱歌，于是被老乡们怂恿着要到年会唱首歌。我想，也许可以唱首能反映在外打拼的湘潭游子对故乡的思念和回忆的歌，便想到了改编著名民谣歌手赵雷作词作曲的《成都》的歌词。

没想到自己改编并演唱分享后，反响很强烈。我想，这应该是歌词引起了老乡们的情感共鸣吧。

智能群体的情感共鸣

为什么会有这种群体的共鸣呢？我这里分析下我改写的歌词。

我在歌词中首先提到的是梦，梦里有的是从前的记忆和盼子女快回家的父母。从前的记忆是湘潭因处在丘陵地带，下雨比较多。下雨天，我喜欢踢着街边的水去上学；记忆是家门口有个雨湖公园，当时有围墙，童年的小伙伴们都喜欢爬墙去公园里游玩。这些可能是多数老乡们都曾有过的记忆。人一旦有过这些记忆，或多或少都会在梦里出现。这是第一组共鸣点。

其次，我写到了每逢佳节倍思亲的感觉。对于在外的湘潭人来说，回家最明显的体会之一是，开窗呼吸到的空气中都弥漫着槟榔味，这是家乡特有的味道。而湘江边的江风、望衡亭的远眺，还有最近装饰一新的窑湾历史文化街区，也是老乡熟悉且难忘的。当然，到了春节，归心似箭的心情是所有在外打拼的人都有的。这是第二组共鸣点。

另外，湘潭是个非常特别的、值得每个国人记住的城市，因为伟大领袖毛泽东就是从归属湘潭的韶山市走出来的，还有他的湘潭乌石老乡彭德怀元帅，还有很多有名的文人墨客。所以，我借用了毛泽东写于 1959 年的著名诗作《七律·到韶山》中"为有牺牲多壮志，敢叫日月换新天"中的后一句，来介绍了这位在中国近现代历史上有重要地位和影响力的传奇人物，毛主席。这是第三组共鸣点。

除了值得回忆的人、美景，湘潭还有美食（图 19.1），米粉、臭豆腐、嗦螺的吃法与外地不同，甚至与长沙的吃法也都有区别，如同湖南"十里不同音"一样。还有，每个在外的湘潭游子都挂念着的湘潭特色菜"有紫苏的水煮活鱼"。这是第四组共鸣点。

(a)　　　　　　　　　　　　(b)

(c)　　　　　　　　　　　　(d)

图 19.1　湘潭风景与小吃

（a）湘潭市的雨湖公园；（b）湘江两岸夜景；（c）湘潭米粉；（d）臭豆腐

所有这些，构成了正面介绍湘潭的全景画像。

歌词呢，写得比较朴实，没有多少形容词。又因为这是歌不是诗，所以在用词的时候稍微注意了一下，希望唱的时候能让听众听起来更舒服一些。比如歌词中，"踢着街边的水去一中"的"一"，"跳下围墙游雨湖"的"雨"都是通过从鼻腔向上冲击头腔来发音，这样可以在相对平淡的音调中形成听感比较高的音，把层次感拉出来；而"我开始计划回程"，则用了像讲话式的唱法，让人觉得有归家的感觉；"流传万代"的"流传"则用了气声送出，以便能更好表达真情。还有臭豆腐和嗦螺的次序，唱的时候，把嗦螺置后更容易形成好听的开口音，如果把臭豆腐置后，就会唱得怪怪的。当然，还有湘潭的名胜昭山古寺，我特意把后面的"山"字用 san 而非 shan 发出来，因为南方的湘潭人都这么说的（算了，这句我编不下去了，就是按湘潭话发音的，本来觉得唱错了想重唱，但后来想想，应该也没问题，就当作个性标签好了。）

不管是怎么唱的，这歌词体现很多与时间相关的元素，儿时的真实记忆、历史的真实记忆，再加上游子盼回家的心情。这让很多老乡仿佛看到了自己从前的影子，于是也希望能分享这段彼此共有的回忆和思念。

反观 AI 写歌，我不否认 AI 可以写出语言非常华丽，甚至难辨人和机器真假的歌词。但是，它能写出回忆吗？ 不妨看下，如果要用 AI 写歌，它需要哪些技巧或工具。首先，它必然是要学习的，学习的素材是曾经有过的歌。其次，它必然要服从写歌词时需要注意的一些基本规则。最后，它要根据旋律来进行匹配、对齐。但是，能引起人们形成情感共鸣的回忆却不是那么好学的。

群体共鸣的学习

什么是共鸣？从物理学上来比拟，粗略来说，可以看成是系统所受激励的频率与该系统的某阶固有频率相接近时，系统振幅显著增大的现象，即共振。一首歌要让智能群体产生情感上的"共振"或共鸣，则必然需要有共同的经历，也许只是一个小的动作，一份吃不腻的点心，一件无足挂齿的小事。然而，如果时间跨度长一点，这些本可以形成共鸣的内容，都会被人工智能的算法抹杀掉。因为这些引发共鸣的元素，需要捕捉的不是语法层次上的，而是情感层面的，甚至是包含了相当长时间记忆的、情感层面的元素。

然而，这些元素并不是那么能显而易见的获得。对于现有的 AI 算法来说，能包含时间序列信息的模型是早期的隐马尔可夫模型（hidden Markov model）、现在流行的深度学习中的循环神经网络（recurrent neural network）、长短时记忆模型（long-short term memory）以及它们的各种变形体。这些模型或多或少具有时间记忆能力和独特的遗忘机制，因此可以按时间的变化来有选择地记忆新事物、遗忘旧事物。但是，如果对于时间跨度很长的事情，这些模型可能都无法形成有效的记忆，因为遗忘机制和对未知事件预测性能的追求决定了它们在取舍上无法像人类一样。

而人类的记忆在回忆上是非常奇妙的，比如一首歌，我们可能三四十年都不去唱它，可冷不丁哪天它就从你脑袋里冒了出来，张口就唱了。按现有 AI 的逻辑，这是浪费存储空间的无用信息，应该被早早清除的。可是，正是有了这些毫无价值的、不知道存在哪个位置的共同记忆，才让人类在年长后有了茶余饭后的谈资，有了情感上的寄托和群体共鸣，有了亲情、爱情的维系。不夸张地说，这种记忆模式可能不仅人有，非人智能体也都有，反而 AI 目前还没有。AI 出现这种局限性，一个可能的原因是回忆和引起共鸣的事情并非是经常需要用到的，从每个人的人生历程来看，都是小甚至极小概率事件，但从一个群体比如老乡们来看，却又能通过情感的"共振"或共鸣形成一个超过简单累加的、强大的振幅。结果，不管是回忆，还是共鸣，对 AI 来说，目前都还找不到适当的数学模型去刻画它。

在缺乏这种时间大尺度、全局观的情况下，AI 写歌是抓不住回忆的，也就很难让人形成情感上的共鸣。显然，这一弱点也注定了现有的 AI 还很难真正变得像人类一样，更不用说超越人类了。

要解决这一问题，我们需要构建和学习"**情感共鸣**"的理论和相应的提取算法，分析哪些是可能形成一加一远大于二的事件。除此以外，由于对单个个体来说，这些形成共鸣的事件都是很少出现的。要让 AI 学习到能引起共鸣的回忆，需要的数据在时间跨度、量级和背景信息收集上都要远大于目前已知的其他数据集。因此，在如何构建这样的数据集上就有很强的挑战性。而在算法设计上，可能得分析一下哪些信息或事件尽管对当前或未来的预测是无用的，但却可能在未来某个时间或若干年后能帮助形成"情感共鸣"的。通过这样的计算，筛选出可以允许长时间保存在存储器里的信息或事件，并通过群体大数据来形成关联。最后，从应用级来看，研究"情感共鸣"对于服务机器人在家庭中的情感维系和替代宠物也非常重要。

除了群体的情感共鸣和回忆外，群体之间是否也存在某些群体错觉呢？

20 群体智能与错觉

跨界

我是理科生

混进了一诗歌群

学习与赏析

诗歌中的意象与意境

有天好奇地问了句

为什么

诗歌一天能写好多

科研一年才一点点

灵感怎么差那么多?

于是

群里炸开了锅

有人说

科研哪要灵感

有人说

科研和科学研究

你知道区别吗

有人说

你做的是科研吗

一点数学也没有

我只好

展示了一些

我在

数学鄙视链

最底端的

统计学成果

还有

物理教学的

一点心得

结果

整个群里

只有

两个理科生

在激烈地

辩论着

偶尔会有人发表情包暖场

群主最后

不得不出面

嗨，两位同学

这里是文学群

请不要讨论不相关的内容

平猫

2018 年 12 月 1 日

个体成群后，才便于延续和壮大。人类和非人智能体在结成群体的进程中，从生存需求的共生到精神需求的依赖，经历了蜿蜒曲折的变化和调整，最终形成了精彩纷呈、各式各样的群体。而聚集成群的个体，会与独立存在或独处时，有一些明显的区别[101]。那群体的行为是如何体现的呢？它对智能有何影响，又有哪些错觉呢？

群体智能

人类对群体行为的研究年代比较悠久。我国著名科学家钱学森先生在20世纪90年代曾提出综合集成研讨厅的体系。他强调专家群体应以人机结合的方式进行协同研讨，共同对复杂巨系统的挑战性问题进行研究。而将群体行为关联至智能学习则常从两个方面出发，一是分析宏观的群体表现，二是审视微观的群体行为。宏观主要从非人智能体的角度着手，以观察动物的群体行为为主。

天上的飞鸟比较容易看到，但是形成能变换各种形状的飞鸟群却已不多见（图20.1）。不多见的原因与人类曾过度使用化学药品和肥料有关，美国科普作家蕾切尔·卡逊在其1962年的科普书《寂静的春天》中介绍过。不过偶尔还能见到飞鸟群，所以1995年埃伯哈特（Eberhart）和肯尼迪（Kennedy）博士就分析了飞鸟集群觅食的行为。他们发现当鸟群需要的食物处在鸟群生活的某个区域时，在搜索食物时，每只鸟不仅会受自己飞行的路径影响，还会受与它相邻鸟群的局部飞行路线以及鸟群以群体的整体飞行路线所影响。鸟群会通过共享这些个体和群体的信息，并通过不断交换和更新这些信息，最终鸟群能用"最优"的效率找到食物。基于这一观察，埃伯哈

图 20.1　鸟群

特和肯尼迪博士提出了一套群体智能算法，称为鸟群优化算法（bird swarm optimization）。如果把每只鸟假设成一颗粒子，一群鸟则构成粒子群，则鸟群算法还有个更智能和科幻的名字，叫粒子群优化算法（particle swarm optimization，PSO）[102]。

不仅天上的飞鸟有群体行为，地上的穴蚁也有，如最方便观察、能频繁见到、密度又极高的群体是蚂蚁（图 20.2）。意大利学者多里戈（Dorigo）和马尼佐（Maniezzo）等观察了蚂蚁的觅食行为，在 20 世纪 90 年代曾提出了蚁群系统（ant

图 20.2　蚂蚁群

system 或 ant colony system）。不同于飞鸟，蚂蚁是通过一边行路一边释放"信息素"物质（英文为：pheromone。通俗点讲，是体味的一种）来形成群体觅食行为的。蚂蚁会沿着"信息素"浓度高的路径来行走，同时它走过的时候也会留下自己的追踪"信息素"，进一步强化了可能到达食物的最短路径。同时，"信息素"会随时间的增长而挥发，从而保证了路径搜索不易僵化，失去灵活性。通过蚁群信息素的反复增强和淡化过程，蚁群就能沿最短路径到达食物了[103]。

蚁群和鸟群优化算法是文献中最经典的两个群体智能算法。事实上，非人智能体的群体行为有很强的多样性，如果留意观察各种群体的行为表现，还能找到更多很有新意的群体智能算法。

举例来说，美国得州奥斯丁议会大桥有群蝙蝠。据估计，桥下生存了150 万只墨西哥无尾蝙蝠（图 20.3）。每到傍晚时分就会出洞，成群飞行去觅食，已是当地最负盛名的旅游景点。对飞行类群体智能行为感兴趣、希望找到新算法的人不妨去观察一下。海洋中的鱼群也自有其特点。较小的鱼偏好成团，形成比较大的形状（图 20.4）。与飞鸟不同，研究表明，小鱼爱成群是因为与个体相比，鱼群的体积要大得多，能够让潜在的捕食者误以为是比自己大的生物体，从而不敢贸然攻击，也就让小鱼多了生存的机会。除了觅食和生存行为，迁徙行为也可以研究。比如大雁南飞时的头雁引航的人字形队现象。在迁徙中，

图 20.3　蝙蝠群

图 20.4　鱼群

头雁与其他从雁在决定路线的决策权方面显然存在大的差异。

　　当然，动物的群体行为也并非始终优于个体，常常是机会与风险并存。比如，蚁群靠追踪"信息素"来觅食的行为就不是百分之百安全。假如有一只引路的工蚁碰巧离开了有"信息素"的路径，跟着它集体觅食的蚂蚁都会离开路径，极端情况下会形成蚂蚁乱转（ant mill）的循环圆圈（图 20.5），最终导致蚂蚁因为体能耗尽而集体死亡。这是与群体优势相背的**群体错觉**。再比如小鱼的鱼群现象，有些捕食者就会故意利用这个习性。如杀人鲸（killer whale，也称虎鲸）为了提高吃小鱼的效率，

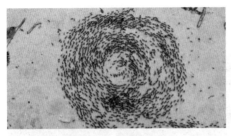

图 20.5　蚂蚁乱转

图 20.6　虎鲸在学习捕食鱼群技巧

会有意识地分散开将小鱼们围起来，驱使小鱼被动在包围圈内形成密集的鱼群，然后虎鲸便会轮流冲入圈中饱餐一顿（图 20.6）。这是不同智慧级别的群体智能的对决结果。

不仅非人智能体存在值得研究的群体行为，微观层面中也有。

微观和非生命体的群体算法

微观层面可以分析群体行为的，一种是物理学中经常提及的布朗运动，即微小粒子的无规则运动。这种运动从单个微粒来看是无规则、无序的，但从群体或整体来看却能形成运动中的动态平衡。最早是英国植物学家 R·布朗从花粉中观测到这一现象。尽管解释很多，真正有效的解释还得归功于维纳于 1863 年提出的分子振动假说和爱因斯坦的分子运动论原理。1926 年法国人贝兰和斯维德伯格因为实验验证了爱因斯坦的假说而获得诺贝尔物理学奖。

在布朗运动的基础上，科学家提出了模拟退火（simulated annealing）的智能算法。它模拟了金属退火中的加温过程、等温过程和冷却过程，通过增强和减弱随机游走的分子的布朗运动强度（图 20.7），使其最终形成有序的全局平衡或最优解[104]。

除了分子的群体行为外，科学家们也看好基因。因为在算法层面上，进行群体的"基因编辑"都是相当安全且无伦理问题的。进化论告诉我们，基因的演化有 3 种模式：复制（reproduce）、交叉（crossover）和变异（mutation）。那么，如果要"编辑"出一个最优的"基因"，我们完全可以让成千上万组"基因"通过这 3 种方式来实现优胜劣汰，最终收敛到期望的解。不过需要注意的是，在演化过程中，复制是根本，变异只能偶尔为之。这种基于基因群体行为的方法被称为遗传算法（genetic algorithm）[105]。

不仅微粒和基因有群体行为，甚至毫无生命特征的钞票，也有人观察到了有趣的群体流通行为。2002 年德国物理学家德克·布罗克曼（Dirk Brockmann）发现，尽管在绝大多数时间里，钞票只在一个较小的区域里交换，但是仍有一小部分钞票会流通到较远的地方，如图 20.8 所示。他将这种流通模式称为列维飞行模式（Levy flight pattern），并认为其流通性质表明小概率的事件有时会产生较大的影响[106]。

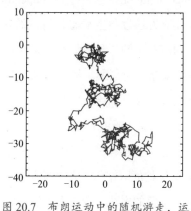

图 20.7 布朗运动中的随机游走，运动起始点为（0，0）

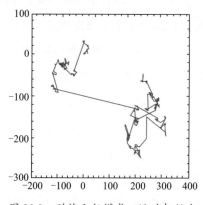

图 20.8 列维飞行模式，运动起始点为（0，0）

与图 20.7 相比，列维飞行模式范围大很多

不论采用哪种方法，从本质上都有一个隐含假设在其中。即认为个体的活动具有随机性，但纳入群体后，最终这种局部或个体的随机性可以收敛到全局平衡有序的环境。基于这一假设，以上提及的非人智能群体智能、

微观群体算法和遗传算法常被用于目标的寻优，目的是为了帮助需要迭代求解或梯度寻优的算法获得最优解。需要注意的是，由于这类算法或多或少都带有比较强的启发式，因此不太容易找到好的理论性证明，如数学家们偏好的存在性、收敛性和唯一性等以及统计学家偏好的泛化界。即使有一些理论性的证明，也只是在给了较多假设条件后的有限结论。尽管如此，这类方法在工程上仍然形成了不少好的应用成果。

多样性与集成学习

要发挥群体的优势，关键是多样性必不可少，因为差异大的时候更容易形成互补性。如蚁群算法中常假定每只蚂蚁具有独特的个性。不仅单个物种内部有互补性，跨物种间也存在互补性，甚至更明显。比如两种能独立生存的生物间的原始协作关系（protocooperation，也有称为 cooperation 或 mutualism，中文译为共生），可以保证双方通过共生都能获利。图 20.9 中寄居蟹与附着于寄居蟹匿居的贝壳上的海葵、鲫鱼利用吸盘附着在鲨鱼体表与鲨鱼，都是这类原始协作关系。海葵借助寄居蟹、鲫鱼借助鲨鱼扩大了活动范围和觅食机会，反过来海葵和鲨鱼又分别给寄居蟹和鲫鱼提供了保护。另外，蚂蚁与蚜虫也是共生关系。蚂蚁从蚜虫那儿获取甜的粪便，同时也为蚜虫提供保护。除了共生，还有对一方有利，对另一方无关紧要的偏利共生（commensalism），如常受海葵保护的双锯鱼。人类与宠物狗的共生也比较有意思。人从宠物狗中得到了情感的慰藉，老年人甚至把它作为已自立门户的子女的替代品。而宠物狗也不仅仅是得到食物，还从人类这里学习了很多人类的行为规范。值得再次强调的是，机器智能目前还无法替代宠物狗的共生功能。而在人工智能领域，也有不少研究是在学习和利用这种跨物种间的互补性，如利用地面机器人与无人机的互补性来实现对未知环境的快速探路。而 2017 年中国国务院出台的《新一代人工智能发展规划》中，也强调了要着重研究"多人多机联结，使之涌现出更强大智能"的群体智能[107]。

(a)   (b)

图 20.9　共生

（a）寄居蟹与海葵；（b）鲫鱼与鲨鱼

在通信中也能见到利用多样性和互补性的应用。如在信道的误差纠偏中，为了保证信息在传输中不发生错误，最简单的操作就是多传输几次。尽管每一次都有可能出错，但只要出错的位置不同，总能通过**少数服从多数**的方式来大幅降低传输犯错的概率，最大程度地保证信号传输的正确性。

机器学习界把利用集体或群体来增强性能的策略叫作集成学习（ensemble learning）。要在集成框架下获得好的性能，基本假设是每个子体学习器要有一定的预测能力，比如至少要比扔硬币随机猜的性能好一点，同时分类器之间要有足够大的多样性或差异性。在这一思想下，大量的集成学习方法被发展。以分类任务如人脸识别为例，早期端对端的深度学习还未流行时，一般都从 3 个角度来实现群体的集成。或是改变输入的特征，形成多样性；或是变更学习器的多样性；或是变动最终输出函数的集成方式[108]。虽然基本套路并不复杂，但俗话说得好"三个臭皮匠抵个诸葛亮"。

在 2012 年深度学习没有形成大的性能提升前，集成学习模型形成的群体优势几乎是打遍了"所有与数据相关的竞赛"而无敌手。而 2012 年后，尽管深度学习成为主流，但仍然能见到集成学习的三板斧，有些是转化成了深度学习中网络的结构变化，有些仍是通过把多个深度模型结合来继续用群体优势拔得竞赛的头筹。

如果分析以上这些群体智能学习，就会发现这些群体算法要么是针对某个目标的优化来考虑的，要么是针对某个目标的预测来实施的。研究非人智能体的群体算法时，科学家们着重观察的现象似乎主要与其群体的生存密切相关。反观人类，在成为地球主宰后，早已不再仅仅满足于生存需求，还衍生了生理、安全、社交、尊重和自我实现共 5 个层次的需求，被称为马斯洛需求层次理论。对于艺术家或音乐家，还存在第六个层次的需求，即超自我实现。这些层次的需求，从递进关系上看很像是一个金字塔，或者说是需求上的由粗到细（图 20.10）。虽然这一理论存在一些争议，但从人工智能

图 20.10 马斯洛需求层次理论

角度来看，这些高层次的需求在研究群体智能时是值得借鉴的。

如果要研究人工智能，必然要考虑人工智能体形成社会和群体，而非个体时的情况。那我们不妨看看，人类智能体在生存需求以上，群体生活时会存在哪些错觉。如果人工智能体希望模拟人的群体行为，也许就能从这些错觉中得到一些经验的借鉴。

群体错觉

一旦有了社会，生存需求就退居二线了。此时的群体不再满足于以"预测"为终极目标的，对知识的渴求会逐渐占上风，尤其是信息量大的知识。比如"太阳从东边升起"这种自然规则，按概率来说，就是百分之百能成立的。然而它却是没有知识含量的。因为按信息论之父香农的定义，信息是事件出现概率的倒数的负对数比。简单来说，百分之百出现的，信息等于0。对习惯快思维的人类来说，这类信息会和路面的细节一样被直接忽略。如果事件出现的概率很小时，反而蕴含了大的信息量。比如马路上突然有人打架，于是路人们会一拥而上，观战、拿手机拍照发朋友圈。这是信息论下"对知识的渴求"表现出来的群体本能反应。

可是假如不是打架，而是刑事案件时，旁观者愿意主动施救的反而可能变少，尤其是在人来人往的场所。这是因为当在场的人太多时，帮助的责任就被大家平分，平分到连旁观者都意识不到，以至于给人造成了"集体冷漠"的感觉。这不是信息量在起作用，而是责任分散效应的群体错觉。"三个和尚"故事中讲的"一个和尚挑水喝，两个和尚抬水喝，三个和尚没水喝"，就是责任分散效应的体现。

也有人期望通过群体的力量获得集成学习般的性能提升。然而，"物以类聚、人以群分"，即使现代社会也是如此，如朋友圈中的五花八门的群，常是因某一方面的共性而形成的群体。在这种群体时，持异见者更容易被孤立而非接纳。不仅群体有排斥现象，甚至有时还会有智商、情商的拉低效应。比如参加传销团体，人会不由自主失去自我意识，导致本应正常的智商无法表现，变成智力水平低下的生物。这些现象是群体的拉平错觉 [101]。

群体智能在少数服从多数问题上也存在误区。因为群体经常表现的是普通品质，并不能胜任需要很高智力才能完成的工作 [101]，但却可能因这一规则而扼杀智慧。比如在早期科学还处在启蒙阶段时，哥白尼因坚持日心说而被教会烧死，而伽利略为了保全性命不得不牺牲掉自己对这一观点的坚持。这些都表明多数投票策略可能存在的风险，因为真理并一定都掌握在多数人手里。这是统计中在缺乏先验信息时，采用群体平均权重引发的错觉。

这也反映了另一个现象，在群体社会中，成群并非对所有人都是最优的，因为"牛羊才会成群，狮虎只会独行"。毕淑敏说过"孤独是一种兽性"。它反映了独来独往的自信和勇猛。适当享受个体的孤独，还能更有效地管理时间和自由地探索。

群体错觉还有不少，在社会心理学方面有相当多的研究成果，它间接或直接地导致了社会的多样性和层次性。这些是我们在研究人工智能群体行为时需要注意的，也是人工智能体未来形成人工智能社会时需要考虑的。

到此为止，我已经从诸多层面介绍了人类的错觉。我们不禁要问，人类如此爱犯错，为什么还能主宰世界呢？机器智能会替代人类成为主宰吗？

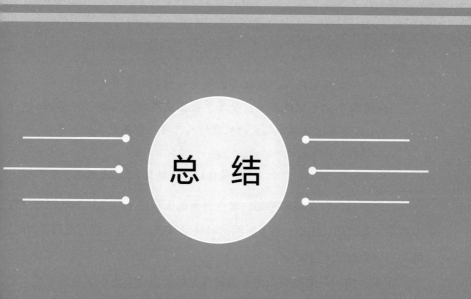

总 结

三 ㉑ 平衡：机器 vs 智能

> 一个明智的人，仅仅自己研究自然和真理是不够的，他
> 应该敢于把真理说出来，帮助少数愿意思想并且能够思想的
> 人；因为其余甘心作偏见的奴隶的人，要他们接近真理，原来
> 不比要蛤蟆飞上天更容易。
>
> ——引自拉·梅特里，《人是机器》[109]

自然界总是存在各种平衡。对一件事的极致追求，往往需要用另一件事的损失来偿还。比如，有了时间的时候没有钱，可有了钱又没有了时间，因为"鱼和熊掌不可兼得"。

宇宙万物，在微观层面的平衡表现为量子力学中的不确定性原理，也称为测不准原理，是测量粒子的精确位置与精确速度上的不可兼得，它保护了量子力学。而在宇观，有一个光速不变性原理，每秒 30 万千米的速度限定了人类探索宇宙的空间范围，它同时也保护了宇宙物理学。那人工智能领域里的平衡、研究方式是怎样的呢？研究现状又存在哪些瓶颈呢？我想从 5 点展开讨论：

（1）人工智能的不确定性原理

（2）由粗到细的结构发育

（3）智能测试

（4）智能测试体的选择与伦理

（5）人工智能困境

人工智能的不确定性原理

人工智能领域，有几个与物理学类似的不确定性原理。深度学习之前曾一度流行的稀疏学习理论里，科学家们希望通过对数据特征的稀疏化来获得可解释性。但是，其解释性的代价是构造了具有随机性、稠密的变换基函数，如高斯函数。这一思路是稀疏与稠密、时间与空间的不确定性。我们在傅里叶变换、小波变换以及稀疏学习中都能看到这一不确定性原理的影子，时间域细节清晰了，频率域就稠密，反之亦然。但这种不确定性原理只提供了寻找可解释变量的方式，能处理的变量规模相对有限，对智能的启示还不明显。

另一个是模糊理论[110]的创始人、加州大学伯克利分校的拉特飞·A. 扎德（Lotfi A. Zadeh，1921—2017）教授（图 21.1）在 1972 年提出的、解释复杂系统的不相容原理（incompatibility theory）[111]。他认为：

"随着系统复杂性的增加，我们对其特性作出精确而有显著意义的描述能力会随之降低，直至达到一个阈值，一旦超过它，精确和有意义二者就会相互排斥。"

图 21.1　拉特飞·扎德

不相容原理表明，随着复杂性的增加，预测和可解释性之间将存在平衡或折中。然而，纵观人工智能的发展史，复杂性的定义一直在变迁。最早复杂性被认为是模型参数的数量，后又被视为神经网络的网络结构复杂程度。统计学习理论提出后，在分类问题上又转为"能分类任意数据组合的"

模型划分能力[112]。值得指出的是，这种划分能力并不与参数个数成线性关系的，有可能一个参数也具有无穷大的划分能力。结果，单从复杂性的角度来度量这种平衡或刻画不确定性，尽管直观，但还存在复杂性不容易确定的问题。

我在《深度学习，你就是那位 116 岁的长寿老奶奶！》(详见本书附录一)中指出过，可解释性和可预测性之间存在着平衡，因为它是统计和个体之间的平衡。要追求预测性能，总可以找到不具统计解释但却性能优异的个体，而统计往往又会因为平均而牺牲个体的优异性能。这是统计和个体形成的预测与可解释性之间的不确定性，姑且将其称为"平猫不确定原理"。

如果令模型的预测 P 与最优预测 P^* 之间的绝对值差异为 $\Delta P=|P-P^*|$，令模型的可解释性 I 与最优的可解释性 I^* 之间差的绝对值差异为 $\Delta I=|I-I^*|$，令 C 是一个足够小的常数，则会存在一个预测和可解释之间的不确定性，即：

$$\Delta P \cdot \Delta I \geqslant C$$

前者可以通过对个体性能的追逐获得足够近的小值，而后者可以通过对平均性能的追逐获得足够近的小值，但两者之间存在折中，不可兼得。

而现阶段我们对可预测性的追求更多一些，因为它与工业界关注的性能密切相关，能够直接带来 GDP[①] 的产出，也是引发了第三波人工智能热潮的主要原因。但是，只追求预测性能，会使得其更像是机器，更像人工智能领域的"飞机"，而离"具有与人和其他非人智能相似且不可区分的智能"仍存在不小的距离。

如果我们想要构造具有这种折中或**平衡智能**，有没有可行的路呢？

由粗到细的结构发育

除了宇宙可能是从零开始的以外，没有什么其他东西是平白无故产生

---

① GDP：gross domestic product，国民生产总值。

的。人的智能从胚胎发育开始，然后有了视觉、听觉、触觉等感官和身体器官的发育，并最终有了智能体的形态。再经过漫长的儿童期和教育，智能才得以逐渐完善。在这一过程中，人类的智能经历了由粗到细的结构变化，而平衡智能似乎就隐藏在其中。

（1）人在思维中，存在快思维与慢思维两种方式，常以快思维为主[92]。而人对快思维的频繁使用应该与最初的粗糙或粗略学习有密切关系。试想，人在走路的时候，有谁会关注路面的纹理细节呢？即使是人的身份识别，早期儿童心理学发现，小孩往往更容易记住父母而非陌生人。但如果母亲用帽子将其轮廓遮挡后，小孩会出现短时的认知障碍。这些都表明，粗略式的学习和记忆是早期智能发育的基础，因为它可以让人类更快速地了解环境和目标。在保证足够预测精度的同时，节省了大量的计算资源和耗能。

（2）这种粗放式的认知模式可能被固化到后期的认知中，对快思维的形成起了关键作用。值得注意的是，并非只有人类才有这种快思维。非人的动物或智能体都具备。如果观察宠物狗或其他动物的走路行为，就会发现它们并不会像机器人那样对路面做仔细的辨识。这表明，在常识智能方面人和其他非人智能体有近似的结构发育方式。

（3）我们也可以推测，这种近似的发育模式是被嵌套在基因里，通过遗传完成的。所以，似乎人类和非人智能体最初的学习模式，甚至于情感的表达方式并不全是主动完成的，而是被基因编码所诱导的。从这个角度来看，人和非人智能体似乎就是一台机器。那么，弄明白基因的这种按时表达，也许对于理解智能的发育和建构很关键，甚至有可能在未来改变智能体的学习模式。但人又不完全是机器，因为人类在漫长的演化中，引入了漫长的儿童期、独特的教育和语言，并通过群体的交互保证了种族的稳定和繁衍。

（4）如果以上推测是合理的，那么结构的表达大概是怎样一个次序呢？首先，对于正常发育的人来说，视觉应该是最重要和优先发育的，然后才是其他辅助的感觉器官的发育。因为视觉本是从大脑发育中分离出来的，它可以视为大脑的一部分。其次，当具体概念得到由粗到细的认知后，才开始建构更抽象的语言。即使是情感的建立，也是从直觉式的情感开始，然后才有更细腻的、被修饰了的理性情感。在其他认知能力上，发育的模式应是类似的，其建构非常像我们常说的金字塔（图 21.2）。如果在研究人工智能的过程中，本末倒置地去建构人工智能体，比如重点关注抽象的、如自然语言的结构分析，而不给其提供视觉或其他感觉器官的发育研究成果作为支撑，很有可能研究出来的是缺乏真正智能的机器。

图 21.2　埃及金字塔

（5）不仅在具体到抽象中存在金字塔式的由粗到细的认知结构，在每个层次，如视觉、听觉，甚至精神需求等也应有类似的层级结构。智能体在使用这些结构时，能自适应地按需选择是用粗糙还是精细，或者两者折中的模型来完成推理、预测等认知任务，以获得在快思维和慢思维间的平衡智能。

智能测试

假定若干年后，人造的智能体具备了由粗到细、金字塔式的结构，那如何判定其是否具有智能呢？不妨回看一下经典的、一正一反的两个智能测试方案。

在人工智能领域，图灵测试是最经典的智能测试方案（图 21.3），它由艾伦·图灵（Alan Turing）在 1950 年的论文《计算机器与智能》中提出[113]。他设想了一种环境，在测试者与被测试者隔开的情况下，测试者通过某种设备如键盘向被测试者随意提

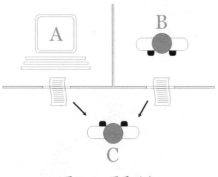

图 21.3　图灵测试

问。经过多次测试后，如果超过 30% 的测试者不能确定被测试者是人还是机器，那么这台机器就通过了测试，并被认为具有与人类相仿的智能。

自此以后，不计其数的科研人员设计了各种程序，希望能通过图灵测试，以证明其能达到甚至超越人类的智能。然而，情况并没有想象的乐观。事实上，30% 的指标，还是图灵当年基于对人工智能前景看好，预测在 2000 年就能实现的。但现在看来，我们离这一目标还有不小的距离。

除此以外，图灵测试里设置的提问环节，或多或少都假定了机器和智能体具备了高层或抽象智能。因此自其测试被提出后，人类对问题回答（俗称 Q/A）的研究一直长盛不衰。但是，这一测试并没有涉及常识智能甚至情感的鉴别。而从结构发育的角度来看，如果要建构智能体，这两者的鉴别尤其重要。

另一个有名的测试是中文房间（Chinese room，或称为 the Chinese room argument），如图 21.4。它由美国哲学家约翰·希尔勒（John Searle）在 1980 年提出[114]。在中文房间的测试中，希尔勒假定了有个完全不会说中文、只能说英文的人在一间房里。房间除了门和一个小窗口，其余全封闭。不过，他随身带了本具有中文翻译能力或程序的书，房间里还有足

够的纸、笔和柜子。测试者将中文纸条通过窗口递进房间，而屋里的人可使用他的书来翻译并以中文回复。尽管完全不懂中文，但却可以让房间外的人以为他是会说流利中文的。

图 21.4　中文房间

这个测试表明，即使房间里的人对中文一窍不通，但仍然可以通过运行翻译程序来骗过测试者，让测试者对机器产生智能的印象。与图灵测试不同，中文房间是希望推翻人工智能对"智能"的定义，即"只要计算机设计好适当的程序，理论上来说，就可以认为计算机拥有了它的认知状态，并且能像人一样进行理解活动"。

从中文房间的测试不难发现，它主要质疑的是预测行为与智能的等价性。但是，智能不仅仅只是预测。因此，我们应该要在比预测更宽泛的定义和环境下测试智能。

另外，这两个测试都采取了隔离，它迫使测试不得不借助高层的抽象智能如语言来完成交互。其次，这两个测试似乎都假定了与人的智能的逼近。

回看本书中介绍的犯错机制和常识智能等，可以发现常识智能、犯错都是智能体中必然存在的。尤其是犯错机制，从某种意义来说，它是使得智能体世界具有多样性的原因之一，也是有群体存在的前提之一。所以，智能测试应该不限定于抽象智能，更应该包含常识智能和对犯错情况的一般性测试。

另外，其他非人智能体同样具备了一些基本的智能，包括情感智能、快思维方式和慢思维方式。更何况，如果没有语言和工具的引入，人在自然界的进化中，本属于极易被淘汰的一种生物。

因此，采用更一般性的智能测试条件：开放环境、不限定人的智能模拟，是评测智能有无的关键。

基于这些考虑，这里提出一个也许可以合理检验是否具有智能的方案，姑且称为"平猫测试"：

将一个机器猫（也可以是其他任意形态）放在透明的盒子里或开放环境里，测试者可以与它交互，可以观察、分析它的行为。在确信它的预测能力足够好的前提下，如果它的犯错程度是可接受的，情绪表达、自我意识会让超过一定比例（如30%）的测试者感觉与人或非人智能体相差无几时，则可以认为它具有智能。

只要它满足了以上条件，我们就可以认为它是智能体。注意，这里是不要求其具有任何我们已知的智能体形态。但要通过测试，测试者需要确信这只机器猫有智能体该具备的某种平衡。如果只是预测能力方面有异常优异的表现，而对其他智能相关的指标牺牲过大时，不能认为其具有智能，而只能认为是具有机器的预测能力。

要构建能通过这一测试的智能体，我们必须在有智能体形态的智能体上寻找线索。那么，在哪里找呢？

智能测试体的选择与伦理

谈人工智能的终极目标，一般我们认为是可能制造出真正能推理和解决问题的智能机器。并且，这样的机器能被认为是有知觉、有自我意识的。因为这样的定义，多数人工智能研究者会将其向人的智能看齐，需要研究人或像人的生命体的智能发育。这自然会带来比较严重的伦理问题，因为研究人的智能途径之一是要对人的大脑中进行深层次的探索。但不管是脑电极形式还是基于磁共振的方式，都或多或少会损害人脑的神经元。这是大家不愿意涉及这类人工智能研究的原因之一。

当然，退而求其次似乎更合理。于是，科研人员选择了与人类在形态上最为接近的猴子和猩猩来做实验。不管是手势的使用，还是对语言的理解，似乎都有一些相似之处，选择它们似乎是最佳选择。为了人类的未来，它们做些牺牲也无可厚非。所以，在这两类动物上进行的很多实验，经常能看到要么把猴子关在笼子里，要么开颅插好电极固定在架子上，测试其对各项指令的反应程度，试图发现脑区活动与智能的线索。

然而，这也许并非是现阶段研究智能最有效的方式，也可能并非是最好的实验品。因为成本太贵，能用猴子、猩猩做实验的实验室可以说都是非富即贵的。所以，才会有研究人员宁愿直接在人身上做相关测验，因为可能更经济。实际上，真正与人类有良好情感交互的，不是猴子、猩猩，而是宠物狗。经过几千年的驯服，狗早已经能够非常好地理解人类的情感，甚至部分语言。从常识智能和基本情感来看，狗已经具备了和人类几乎一样的能力。更何况，狗的数量远多于猴子、猩猩，且不存在不可逾越的伦理问题。

事实上，如果不是因为语言和教育，人类在自然界的位置应该是属于弱小的行列，甚至在很多方面并不比其他动物具有优势。我们现在有时却有意无意地避开这些劣势不谈，而去着重研究人类的高层能力 [67]。从某种意义上来看，这样的处理有可能不利于打开真正通向智能的门。

所以，综合这些信息，从这个角度出发，我们并不需要把研究的测试体限定在人和猴子、猩猩上，而是有着大量可供选择的测试体，来帮助我们理解目前还不太明了的常识智能和情感。

然而，即使提供了大量的测试体，现阶段着手研究人工智能的终极目标也并非是一蹴而就、水到渠成的，因为我们还处在人工智能的困境中。

人工智能困境

在这一波人工智能热潮中，有相当多的学科都投入了人工智能的研究中。尽管产业界形成了显著的进展，尤其在安防相关的行业，也有通过图灵测试的所谓报道，但我们似乎并没有看到多少与真正智能相关的影子，困难主要在哪里呢？这里从几个主要方面谈些自己粗浅的观点，希望能给大家一些思考和线索：

1. 机器学习

在本轮人工智能热潮中，最亮眼的主角无疑是深度学习或更宽泛一些的机器学习。它对于人工智能以及在产业界的应用的推动是显而易见的。然而，机器学习是否真能帮助理解真正的智能呢？

我们不妨将机器学习的技术简化成"程咬金的三板斧"：正则化、加圈、加层，这样也许会比较容易理清头绪，尽管在这一领域上还有很多其他值得列举的研究成果。

第一板斧是正则化，其观点认为我们要研究的问题求解不存在唯一性，往往是一对多的求解。吉洪诺夫（Tikhonov）将其称为病态问题（ill-posed problem）[115]。要让病态问题良态化，最自然的做法就是引入约束项或正则化项。从病态问题良态化的思想提出至今，这一板斧挥了 60 多年，随着对数据结构持续不断、更新的认识，我们提出了各种正则化的方案，从模型参数的复杂性到空间的光滑性，到模型结构的复杂性，到特征的稀疏性，诸如此类。但似乎这些努力最终都转化为预测任务，而并没有对智能给出更明晰的解答。可能的原因是：如果给定了一个限定体积的球作为搜索空间，那能寻找的解空间必然只能在此球内去找。不管增加多少的约束项来使问题良态化，该良态化获得的全局最优解也只能是这个球张成的解空间上的局部最优。可是，如果一开始球就给错了呢？如果这个球只相当于盲人摸象中摸的其中一条腿呢？

第二板斧是加圈，其主要思想是假定观测到的世界变迁可能由一个或多个小人在暗中控制，且这些变迁的变量和小人之间存在较复杂的相互关系，由此我们可以构造有明确指向关系的有向图模型，或者是无明确指向的无向图模型，当然也可以混搭。这一板斧的优势在于方便解释，因为关系都是明确的。要丰富对世界各个侧面的理解，最自然的做法就是增加能描述更细粒度关系的圈以及圈与圈的边了。但这一方法在变量过于复杂时，又容易出现关系混乱、计算量过大的问题，在现阶段也很难构造出可以自我生长的模型。

第三板斧是深度学习的加层。既可以往深了加，也可以往宽了加，还可以跳着（skip-connection）加，还可以有注意力的（attentive）加，只要你想得到就行。加层的历史按性能的改善可以分两阶段，相对浅层的经典神经网络时代和 2012 年深层的后神经网络时代。尽管有两个时代，从理论方面来看，他的变化却并不大。但从工程技巧来看，逐层变特征学习的策略让其获得了巨大的可寻优空间，再加上大数据的支持，使得其在预测能力相关的任务中，目前处于独孤求败的地位。其他门派只能在小样本环境中找点自留地。但是，（深度）神经网络模型从多层感知机模型开始，到非线性变换函数的引入、反向传播算法的提出、深层结构的发展，这一结构的主要长处还是预测，因为有广义逼近定理的支持。它并没有考虑模型的可塑性、可发育性，也没有触及本文中提及的智能所需要的平衡。

因为预测是机器学习的重中之重，所以，我们在此框架下确实看到了不少人工智能方面的成就。但是，在探索"不可区分"的智能方面，机器学习还缺乏相关的理论支持。

2. 脑科学

与机器学习主战场在预测不同，脑科学更关注大脑的发育以及与智能的关系。近几十年来，脑科学在微观层面，已经进入了细胞、分子水平；在宏观层面，随着各种无创伤脑成像技术的使用，如正电子发射断层扫描术、功能性磁共振成像技术、多导程脑电图记录术和经颅磁刺激术等的使用，已经可以对不同脑区数以万计的神经元的活动与变化进行有效分析[116]。

然而，由于目前各种探测技术在空间和时间两方面的成像分辨率都并不理想，我们的分析仍然是雾里看花的方式。尽管这种探测方式远比19世纪初曾盛行的"颅相学"科学多了，但我们对神经元集群每个单元的活动仍知之甚少，更不用说，将单元的信息组合起来理解大脑对知识、信息的加工和编码过程[116]。其次，现在的研究对大脑中的意识也缺乏有效的了解办法。比如，尽管我在前文中提到过梦境的复述方法，但仍没有办法能真正复现大脑在梦境中的场景和故事。另外，如何从简单的神经活动升华为我们平日思考所用的快思维、慢思维，也都还缺少有效的研究方案。不仅如此，如果从机器学习的角度来看，由于脑的活动都是个体的，脑科学中诸多实验的可重复性都偏低，难以形成有统计意义的结论。基于以上原因，如果用唯物主义的方法来归纳脑科学的情况，那就是：我们已有一些条件来理解脑活动中量变的过程，却还不明了什么时候量变会引起质变。

3. 统计学

统计学对人工智能贡献最大的，当属频率派和贝叶斯两大流派，主要不同在于要不要利用先验信息。比如每一次买彩票的情况就可以看成是下一次彩票时可用的先验信息。

自英国学者贝叶斯发表了"论有关机遇问题的求解"一文并提出了贝叶斯公式后，就有了贝叶斯学派。该学派认为任何一个未知量都可以通过重复实验的方式来获得一个先验的分布，并以之来影响总体分布和推断。而在贝叶斯学派形成之前，曾经一统江湖的频率学派从来就是立场坚定反对这种特别带主观性质的做法。当两大门派形成后，便为了主观还是客观描述未知量，有了一场吵了近250年，至今还在吵的架[117]。

另外，为了追求可分析，统计学界偏好采用线性模型求解，以便获得相对干净的答案。但是，现实世界却存在大量的非线性问题。

所以，不管两个学派谁对谁错，要研究真正的智能、寻找可解释性的线索，就需要统计学的这两个学派能提供更多有效的、非线性的理论、方法和工具。

4. 数学

对我来说，数学是最美丽的，几千年的努力已经让其成为了人类历史上最完备的学科，没有之一。数学之美在于简洁，往往一两个公式、一个定理就能把连篇累牍的内容讲清楚。然后，这种简洁和完备性的获得也是有代价的，很多时候是通过大量放缩、牺牲小项来得到的。而研究人工智能，在达到一定预测性能后，我们需要了解的，也许就是这些在放缩过程中被牺牲掉的小项。因为我们在处理实际问题时，大多数情况是有噪声的，不确定性的。

另外，我们也需要思考一个问题：智能是否需要严谨的数学？也许并不要！如果我们将智能狭义地理解为人类的高级智能的话，那是必须的。但这也只是在需要进行严密思维、慢思维的时候才用得到。大部分的常识智能是不依赖于这类高级智能，即不需要进行太多的数学关联，就能形成。

比如大自然中的绝大多数动物，哪种动物会像人一样学过数学？可为什么仍然能很好地适应环境？这说明我们在仿生智能时，从数学上建模可能并不见得是等同于真正智能的感知和预测模式。

5. 物理学

谈到物理学与人工智能，必须提一下波动力学之父、曾提出过"薛定谔猫"佯谬（图 21.5）的奥地利物理学家埃尔温·薛定谔。他于 1944 年出版的书《生命是什么——活细胞的物理学观》开启了分子生物学的大门，也有说其对人工智能的早期发展起了重要作用。他认为物理学和化学原则有助于解释生命现象，而基因的持久和遗传模式的稳定可以用量子理论来说明。该书也促使英国物理学家克里克从粒子物理的研究转行到生物学，并与美国生物学家沃森一起在 1953 年提出了 DNA 双螺旋分子结构模型，解开了遗传信息的复制和编码机制。

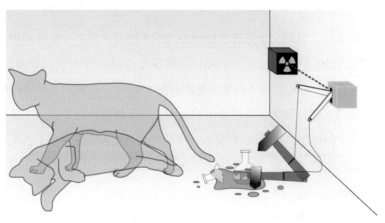

图 21.5 "薛定谔猫"佯谬

而现代物理学中，与人工智能可能最密切相关的是量子计算。从机制上来看，量子比特的量子叠加态特性，可以避开现有计算机发展中摩尔定律的限制，避免现有 CPU 发热问题，以指数级的效率大幅度提升计算能力。

然而，量子计算在理想情况下的主要优势是加速计算。但速度快的同时，它也为每个量子位的状态引入了概率或不确定性。这使得其在研究人工智能时，有可能失去原本机器学习很容易获得的精确性能。比如聚类中最经典的 K- 均值算法，经典机器学习能轻松达到的性能，利用量子计算的框架来处理，可能效果反而会变得不尽如人意。另外，智能的本质问题应该不是通过提高计算效率就能解决。

6. 遗传学

遗传学解释了基因的复制、交叉、变异，近年来在基因测序方面也取得了长足的进步。从已知的情况看，基因的结构很像是一个超乎寻常的程序员编制的程序，固定的基因序列中包含了可以表达功能的编码区和负责多个其他能力如调控的非编码区。不仅如此，基因似乎有一种按时表达或调控的能力。这种编程技巧目前还无法在人类已有的程序中找到对应的。

不仅如此，目前对于分析非编码区 DNA 序列还没有一般性的指导方法。在人类基因组中，并非所有的序列均被编码，即便是某种蛋白质的模板，已完成编码的部分也仅占人类基因总序列的 3%~5%。非编码区的调控机制人类还远没到能百分之百说得清楚的地步。说个极端的例子，一个受精卵分裂成两个相同的，两变四，四变八，以此类推，上面的发育成了大脑、上身，下面的发育成了脚，可是这种细胞与细胞间的方向性是如何被调控机制获得的呢？

所以，对非编码区按时调控的深入分析，也许对于理解智能体的结构发育有着重要的作用。正如 1975 年获得诺贝尔生理学或医学奖的美国科学家杜尔贝科（Dulbecco）于 1986 年所说："人类的 DNA 序列是人类的真谛，这个世界上发生的一切事情，都与这一序列息息相关"[118]。但要完全破译这一序列以及相关的内容，我们还有很长的路要走。

7. 认知心理学

心理学中与智能研究相关的主要是认知心理学。从广义来讲，与人认识相关的都是认知心理学的研究范围。狭义理解，主要是信息加工相关的心理学。它将人的认知与计算机类比看待，希望从信息的接受、编码、处理、存储、检索的角度来研究人的感知、记忆、控制和反应等系统。

从 20 世纪 50 年代中期开始，到 1967 年美国心理学家奈瑟出版《认知心理学》一书形成了独立的流派，至今已有近 70 年的历史。其学科中也衍生了强调整体大于部分的格式塔心理学、皮亚杰的结构主义等众多分支。因为门派众多，这里仅以这两个分支为例来简要讨论在人工智能研究中的意义和存在的问题。

在视觉方面，格式塔心理学总结了一些规律，如涌现、多视角、聚类、旋转不变性等，强调整体与部分之间的差异，并非简单的累加，甚至整体可能大于部分之和。另外，顿悟学习、学习迁移、创造性思维的研究也是其重要方向之一。其不足在于，忽视了对生理基础的研究，部分实验缺乏足够的证据。另外，格式塔理论发展出来的观点不太容易量化、程序化。结果，尽管大家觉得它有一定的道理，但近几十年在计算机视觉和机器学习研究领域可以见到的相关论文仍然非常少。

皮亚杰倡导的儿童发育心理学和结构主义是另一条探索智能发育的道理，主张认识的同化和顺应，即将本能反应向不同目标的范围扩大的同化，以及根据环境变化而对行为产生改变的顺应[119]。他对儿童在感觉运算、前运算和具体运算阶段的观察分析，视角非常独特，也开启了儿童发育心理研究的大门。皮亚杰的结构主义不足在于：①受研究的个体数量和年龄跨度的限制，难以获得更一般性的归纳总结；②偏好用问题回答的方式来研究，难以对语言未完全掌握的儿童进行有质量的询问。而且，如我之前所述，问题回答本已是高层和抽象智能，远离了智能金字塔的基础。

如果可以多审视下格式塔心理学和皮亚杰的结构主义，也许对于我们重新思考智能体的发育，尤其是理解犯错机制会有着重要的启示作用。另外，也许可以考虑研究宠物的认知心理，尽管它不如人那么聪明，但宠物狗的认知能力并不会比一两岁小孩的弱多少，而且宠物狗的一生是长时间停留在与儿童相仿的认知能力下的。

所以，尽管认知心理学可以利用计算机模拟人的抽象思维能力，但在早期发育和金字塔结构的研究这一块还存在大的空间有待挖掘。

8. 社会学

在未来，人工智能体必然是以群体形式来存在和发展壮大的，所以有必要研究群体行为的各种内在因素。与这一问题最密切相关的，是研究社会行为与人类群体的社会学。

自 1838 年由法国社会学创始人奥古斯特·孔德首次提出"社会学"的概念，19 世纪 40 年代由埃米尔·迪尔凯姆、卡尔·马克思、马克斯·韦伯三大社会学巨头共同创立，社会学至今已经形成了从微观的社会行动和人际互动，到宏观的社会系统和结构的广泛研究范围。在群体行为的结构功能、符号互动、社会冲突、社会交换、社会心理、社会统计学、社会伦理等方面，社会学都有着深入而丰富的研究成果。

尽管如此，社会学在形式化这些成果方面还存在困难，这使得仿真社会学中的群体行为各要素有一定难度。而如果希望了解未来人工智能体社会的各种变化，程序化这些要素又是必然的。另外，社会学关注的主要是人。而未来的人工智能社会组成肯定不限于只有人类。那么，如果要提前布局和预测，就需要将非人类智能群体行为的研究也纳入智能的研究范畴中。

总体来看，研究人工智能、大脑的功能一点也不比研究宇宙简单。从我列举的、并不算完的方向来看，研究人工智能的相关学科之间的差异比较大。研究机器学习的，可能对脑科学、社会学知之甚少，研究脑科学、社会学又对机器学习的核心理论与算法一知半解。结果，单靠一臂之力或一个方向的力量，孤立开来各自做研究，可能就只能盲人摸象，看到局部，却依然不明智能路在何方。也许，打破彼此间的鄙视链，交叉合力、优势互补，或许能找到关于智能的答案。

附　录

附录一：深度学习，你就是那位 116 岁的长寿老奶奶！

2015 年有条新闻，当年将满 116 岁的纽约布鲁克林老太太苏珊娜·马斯哈特·琼斯（Susannah Mushatt Jones，1899—2016）接受采访。记者问其养生之道，告之，每天早餐吃四片培根 [1]。没错，就是"知识就是力量，法国就是培根"里的培根 [2]。

这种另类的长寿秘诀在百岁老人中似乎并非个例。美国一著名的搜索"令人惊奇事件"的网站曾特地搜罗过，比如百岁老人英国人多萝西·豪喜好金铃威士忌和每天抽 15 根超级帝王香烟，1997 年辞世的 122 岁老人让娜·卡尔芒每周会吃近 1 千克的巧克力 [3]，美国沃思堡的 104 岁老人伊丽莎白·沙利文喜欢每天喝三瓶"碳酸"饮料，美国密歇根州 104 岁的特雷莎·罗利每天一瓶无糖可乐，2014 年台北 110 岁的老太太林黄玉珍特别喜欢喝红酒、吃薯条。

为什么明明不符合共识的养生之道却能奏效呢？这其中有个统计上的错觉。共识的养生之道是通过归纳的方式总结的经验。归纳是由一系列具体的事实概括出一般原理。在数学上，则是从众多个别的事物或样本中概括出一般性的概念、原则或结论。归纳追求的是统计上的共性、平均，关心的也不是个例上的特定品质。既然是共性、平均，它自然会光滑掉某些

---

[1] 琼斯的介绍：https://en.wikipedia.org/wiki/Susannah_Mushatt_Jones
[2] 名言为：Knowledge is Power. Francis Bacon. 弗兰西斯·培根是 17 世纪英国著名哲学家、文学家等。
[3] 虽然卡尔芒是近代史上最年长者吉尼斯世界纪录保持者，但 2018 年 11 月和 2019 年 1 月有俄罗斯学者数学家尼古拉·札克（Nikolay Zak）和老人学专家瓦莱里·诺沃萧洛夫（Valeri Novosselov）怀疑其身份做假。即是她女儿顶替了她。然而，此怀疑并没有得到确认。

成功的长寿个例的品质。其次，在统计或归纳的时候往往是基于共同的结构，而不会过多地考虑甚至会忽略个体间差异。所以，如果过分地相信统计和归纳，就可能陷入一个误区，会认为这些个例是不合理的。

从这个角度看，2006 年以来引发第三波人工智能热潮的深度学习就像是那位 116 岁的长寿老奶奶，而深度学习之前的做法则像是共识的养生之道。

那么以前的"养生之道"是怎么玩的呢？以预测任务为例，我们的目标是希望学习到的模型在预测未知目标时越精确越好。但放在统计学习框架下，我们会碰到模型复杂性问题。这一问题的来源在于，设计的每个模型离真实的模型之间总会有偏差的存在，同时，模型的参数会导致其模型自身在寻优时存在波动，即会产生方差。这导致我们要处理的问题常常缺乏唯一解，是病态问题。因此，从统计意义上来讲，一个好的模型需要在偏差和方差之间寻找平衡，从而使得病态问题良态化，如附图 1 所示。在深度学习未包打天下之前的年代，这种平衡往往是通过控制模型的复杂性来获得的。对于复杂性的认识，这几十年来一直在变迁中。有通过控制模型的参数数量来实现的，如贝叶斯信息准则 [120]、Akaike 信息准则（Akaike information criterion，AIC）[121]；有从信息论的编码长度角度出发的，如1978 年乔尔玛·里萨南（Jorma Rissanen）基于 Kolmogrov 复杂度 [122-123] 提出的最小描述长度 [77]，克里斯·华勒斯（Chris Wallace）1968 年提出的面向聚类的最小信息长度 [124]；有从数据几何结构出发的，如限制空间光滑性的流形约束 [125]；有从稀疏性角度出发的，如惩罚模型系数总量的 L1 范数 [126]；还有从模型结构的推广能力进行惩罚的，如统计机器学习中曾经盛行一时的 VC 维（Vapnik-Chervonenkis dimension）[127]、最大边缘等约束 [112]。

不管是哪种复杂性，都希望是在统计意义下，从某个侧面去逼近真实世界的局部甚至整体，获得在其假设下的理论最优解。因为是归纳求解，解通常是稳定的，不会出现多少异类。

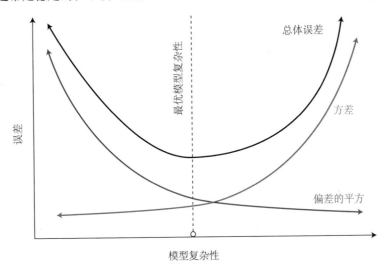

附图 1　经典的最优模型复杂性直观解释图：模型越复杂，对训练数据的拟合越好，如偏差的平方曲线所示。但模型的稳定性会变差，如方差曲线所示。所以，最优模型复杂性常取两者累积的折中

　　那么，深度学习又是怎么玩的呢？不管采用什么样的结构，深度学习最明显的特点就是模型深、参数多。自 2006 年杰弗里·辛顿（Geoffrey Hinton）基于伯兹曼机提出的深度模型至今 [128]，AlexNet[129]、残差网 [130]、Inception 网 [131]、稠密网 [132] 等各种深度学习模型的可调整参数的数量都在百万级甚至百万级的百倍以上。这带来一个好处，即学习来的表示能张成一个远大于原有空间的空间，学术上称之为过完备空间。一般来说，在这个过完备空间上寻找不符合统计规律，却具有优良品质的个例的机会就显著增大了。

　　那么为什么以前不做呢？一方面之前没有那么大规模的数据量，另一方面以前的工程技术也不支持考虑这么大规模的模型。目前多数已知的传

感器成本降了不少，各种类型的数据获取成本也下降了，所以能收集到 PB 级甚至 ZB 级的数据，如图像、语音、文本等。实在找不到数据的领域，还可以通过① 2014 年提出的生成式对抗网络[51] 来生成足够逼真的、海量的大数据，②对数据进行简单处理，如图像的旋转、放缩、裁剪来扩充数据。这些处理都使得训练好的模型在刻画这个过完备空间的能力上增强了不少。

其次，工程技术上的革新也推动了深度学习的成功。深度学习的前身如多层感知器或其他神经网络模型在利用经典的反向传播算法调整模型的参数时，往往会陷入局部极小、过度拟合、调参停滞的梯度消失、梯度爆炸等问题，还缺乏处理大规模数据需要的并行计算能力。这些问题，在近十年的深度学习发展中或多或少都得到了部分解决，比如通过规一化来防止梯度消失的 Batch Normalization（批标准化）技术，考虑增强网络的稳定性、对网络层进行百分比随机采样的 Drop Out 技术（即每次网络中有部分连接边不参与调整）[129]，还有数据增广技术等。这使得深度学习在这个过完备空间搜索具有优良品质的个例的算力得到了显著增强。

那么，能否找到这些个例呢？当然可以。现有的 GPU 显卡提供了强大的算力，而并行和分布式计算显著提升了搜索的效率。因此，只要足够耐心和具有丰富的经验，在模型的参数空间能够过完备的超过原任务空间的大小的前提下，总有办法通过精细调整模型的参数去幸运地找到这些个例，而且这些个例显然不会只有一个。现有的深度学习在软硬件两方面都可以大概率保证找到一群"116 岁的长寿老奶奶"。这对于产业界来说，是件好事。因为产业界追求最优性能，而非统计意义上的平均性能。而且，如果数据规模足够大，以至于未见过的样本又很少时，不考虑统计上的"过拟合"问题也无关紧要。所以，不管你是白猫还是黑猫，只要能捉老鼠都是好猫。这大概就是现在深度学习成功的原因之一。

但是，有得必有失。既然寻找的是个例，过完备空间又不小，寻找的过程自然多少需要点运气。另外，它也不是纯粹的统计或归纳，也就没办法形成稳定性的、具有共识的"养生之道"，甚至从中归纳出一套类似于"模型复杂性"的合理理论都有可能难以下手。如果硬要找的话，也许可以考虑一下墨菲定律（Morphs law）。

所以，从统计角度来看，尽管是追求共识之道，但统计也并不排斥特例的存在。喜欢找特例的，就找好了。但需要注意，我们可能很难通过这些老太太的比较随机的"养生之道"，告诉人工智能研究者或相关领域的从业人员比较普适性的准则的。对这个问题的思考，也引发了我在正文第 21 节中提出的"平猫不确定原理"。

附录二：童话（同化）世界的人工智能 ①

如果把近年来人工智能主流技术"深度学习"理解为那位 116 岁的长寿老奶奶，那么当前人工智能的诸多现象就不难理解了。概言之，它引发的革命、对行业的翻盘和对学术圈的震荡，还有隐患和不足都是那么的个性鲜明、棱角分明。

先说第一个，革命。端到端（end-to-end）是深度学习面世后最流行的一个概念。以前我们做研究，都喜欢讲要深入到数据内部去，了解行业和应用领域的特点，然后才能形成好的交叉学科成果。以计算机视觉领域为例，在计算机视觉相关的任务如行人跟踪、人脸识别、表情分析、图像检索等，共识的观点是要找到最富代表性的特征，或统计性的或结构性的或变换空间的。这些特征对后期的预测任务至关重要，而用于预测的模型则另外再选择或设计。所以，选择特征和选择预测模型之前是两套基本独立的班子。加州大学洛杉矶分校的朱松纯教授以中药抓药做过一个很有意思的比喻。在童话（同化）世界前的计算机视觉领域预测模型框架里，不同的药材对应于各种特征，而医生对应于特征选择器。煮药用的药罐对应于模型预测器。当性能还不太好时，可以再加把火，即集成学习技术（如 Boosting）来进一步提高预测性能。基于这一观点，他和画家 Kun Deng（邓昆，音译）于 2008 年绘制了附图 2[134]。

深度学习出来后，很大程度上把这个做法摒弃了，两套班子被整合了。

---

① 本文发表信息如下：张军平. 童话（同化）世界的人工智能 [J]. 中国工业与应用数学学会通讯，2018, 4: 26-28.

附图 2　童话（同化）世界前的计算机视觉领域预测模型框架与中药铺的类比[134]（感谢朱松纯教授同意使用此画）

特征选择到预测都在一个模子里完成，输入的是原始数据，输出的是结果。而曾经对领域知识的依赖被隐式或显式地融入了模型中。除此以外，依赖于强大的可并行计算的 GPU 的算力，深度模型的预测能力也大为提升。

于是，原本大相径庭的行业都走到了一起，可以在统一的模型框架讨论人工智能在各自领域中的发展了。这就是端到端带来的同化现象，因为它将曾经对行业领域知识的依赖性或准入门槛显著地降低了，它也导致越来越多的行业因此而更加重视人工智能的技术研发和应用。更有甚者，干脆把依赖手工、简单重复操作的岗位直接用自动化和人工智能程度高的机器替换了。如富士康公司就出现了"熄灯工厂"。因为这些工作不再需要人了，那灯自然也不是必需要开的了。可以预见，未来这种情况还会在更多的行业漫延。那么，那些从事简单、重复操作工作的人们，有没有做好更新知识寻找新工作的准备呢？政府又有没有协助做好相应的准备呢？

事实上，不仅行业间的同化现象比较明显，这一波人工智能热潮在学术圈也有类似的同化现象。近几年在人工智能研究上，最明显的特点就是顶级人工智能会议论文数量的井喷，咱大国的论文也已是占了大半壁江山。据说 2019 年人工智能顶级会议之一的神经信息处理会议（Neural Information Processing Systems，NIPS），光投稿量就达到了 9800 篇以上，人工智能顶级会议 AAAI 2018 年论文接收 1100 余篇，计算机视觉顶级会议 CVPR2018 论文接收 1500 余篇，评审的压力可想而知。仔细分析，原因有两个，一个是端到端的构造方式，使得大量的预测模型模块化了。那么，针对不同的任务，在模块化的框架下，基本技巧是差不多的。要么是增加算力，比如多买点显卡；要么是增加不同结构的模块来丰富特征的多样性；要么是改进优化技术，来寻找更多更强的长寿老奶奶；要么是增加数据量，或虚拟的或花钱买的，以提高逼近待搜索最优解空间的能力。而这一切本应高大上的技术，又由于全球最大"同性交友网站"Github 的代码共享方式，进一步变得简单了。用一个形象的比方就是，原本小学得用算术花老半天时间解决的数学习题，上中学后发现用代数方法就能很轻松解决了。结果，以前你从事人工智能研究，可能需要打个好几年扎实的数学、统计、编程基础，现在因为这两个原因而变得简单、易于上手，也方便在不同研究领域进行推广了。于是，人工智能的现状就变为：老百姓以为的人工智能是正在创造一个又一个复仇联盟者 3 的英雄，而实际当下很多相关的研究可能更像是穿着不同衣服、梳着不同发型的韩国美女。

于是，曾经十几年前国人鲜能发表论文的人工智能顶级会议，现在都能见到本科生一次发很多篇的情况了。除了导师指导能力和学生创新能力确实有明显增强的原因外，在一定程度上也是缘于近年人工智能快速发展导致的知识层面上的拉平效应。那么，在这种形势下的顶级会议，是否还有必要再视为顶级会议？不妨比较一下物理学的顶级期刊 *Physical Review Letters*（PRL，《物理评论快报》），发展至今，有没有可能一年一人发很多篇文章？

除了两个同化，深度学习对预测性能的追求也存在隐忧，那就是稳定性和可解释性。直观来讲，稳定性的意思是，做多次重复性实验，应该保证平均的性能尽可能是一致的，模型性能的波动要尽可能小。从预测能力来讲，深度学习模型预测性能好的理论保证在于广义逼近定理，只要耐心，总可以找到一个或一组性能优异的结果。然而，如果深度学习找到的是一群具有鲜明个性的"长寿老奶奶",那如何能形成很好的稳定性呢?何况并不是每次都能找到这些老奶奶。这一情况通过跟踪相关文献能看出些端倪。在同化世界之前,多数文献报道实验的时候会有反映一致性的均值和反映波动的标准偏差结果,以此说明模型或方法的稳定性。而近年来相关的不少文献在这方面的报道比例明显少了不少。是因为数据规模太大,算力再强也没法保证计算效率吗?我想这里面多少还是有统计稳定性的原因。

最后也是最重要的,可解释性。举例来说,如果一个黑箱形式的深度学习模型通过充分的训练,在预测肺癌的能力上被证明了已经超过专业医生的水平,但却无法解释其如何形成判断的,那么应该没有哪个医院敢真正使用这个模型来替代医生。从统计上来看,可解释性是力求寻找相同概念事物的共性或规律,常通过归纳总结获得。既然如此,那对模型的稳定性就得有高的期望。然而,如果预测模型追求的是个例,那就可能难以形成稳定的、有效的可解释性。

在物理世界的量子力学中,有个海森堡不确定性原理,其表明微观粒子的位置和运动不可同时被精确测量。如果从这个角度来审视当下的人工智能,似乎可以推测,预测性能和可解释性之间也存在这种不确定性。你如果希望得到优异的预测性能,可能就得牺牲可解释性。因为前者是可以通过个例体现,而后者却需要从统计平均出发。反之亦然。如果你希望在两者之间进行平衡,那也许就需要允许机器犯点错误。

其实,人和机器的区别之一,不就是人会经常犯些错误吗?自然界也是如此。所以,才会在物种的发展和延续中呈现了一种演化现象,并非一味地在向前进化。所谓之,退步原本是向前。也许,童话(同化)世界后的人工智能,应该多研究下会犯错误的机器或模型。

参 考 文 献

1. 维基百科 . George M. Stratton [OL]. https://en.wikipedia.org/wiki/George_M._Stratton.

2. 维基百科 . 辜鸿铭 [OL]. https://zh.wikipedia.org/wiki/.

3. WALSH M. Serbian woman's rare brain condition: She sees the world upside down[OL]. [2013-03-23]. New York Daily News, https://www.nydailynews.com/news/world/woman-sees-upside-article-1.1297128.

4. YIN R K. Looking at upside-down faces[J]. Journal of Experimental Psychology, 1969, 81(1):141-145.

5. FREIRE A, LEEÔ K, SYMONS L A. The face-inversion effect as a deficit in the encoding of configural information: direct evidence[J]. Perception, 2000, 29(2):159-170.

6. CARBON C-C, LEDER H. When feature information comes first! Early processing of inverted faces[J]. Perception, 2005, 34(9):1117-11134.

7. ROSSION B, GAUTHIER I. How does the brain process upright and inverted faces. Behavioral and Cognitive[J]. Neuroscience Reviews, 2002, 1(1): 63-75.

8. 互动百科 . 图形后效 [OL]. http://www.baike.com/wiki/ 图形后效 .

9. 克里斯托弗·查布利斯 / 丹尼尔·西蒙斯 . 看不见的大猩猩 [M]. 段然 , 译 . 北京 : 北京大学出版社，2011.

10. 费恩曼 , 莱顿 , 桑兹 . 费恩曼物理学讲义 (第 1 卷) [M]. 郑永令 , 华宏鸣 , 吴子仪 , 等译 . 上海 : 上海科学技术出版社 , 2013.

11. 维基百科 . Gestalt Psychology[OL]. http://en.wikipedia.org/wiki/Gestalt_psychology

12. DESOLNEUX A, MOISAN L, MOREL J-M. From Gestalt Theory to Image Analysis: A Probabilistic Approach[M]. New York: Springer-Verlag, 2008.

13. MAMASSIAN P, KNILL D C, KERSTEN D. The perception of cast shadows[J]. Trends in Cognitive Sciences, 1998, 2(8): 287-295.

14. PRATI A, MIKIC I, GRANA C, et al. Shadow detection algorithms for traffic flow analysis: A comparative study[C]. Proceeding of the 4th IEEE International Conference on Intelligent Transportation Systems, Oakland, CA, 2001,8.

15. SANIN A, SANDERSON C, LOVELL B C. Shadow detection: A survey and comparative evaluation of recent methods[J]. Pattern Recognition, 2012, 45(4):1684-1695.

16. FINLAYSON G D, HORDLEY S D, DREW M S. Removing shadows from images using Retinex[C]. Proceeding of the 10th Colour Imaging Conference, Scottsdale, AZ, 2002.

17. LAND E H. The Retinex theory of color vision[J]. Scientific American, 1977, 237(6):108-128.

18. KHAN S H, BENNAMOUN M, SOHEL F, et al. Automatic shadow detection and removal from a single image[J]. IEEE Transactions on Pattern Analysis and Machine Intelligence, 2016, 38(3):431-456.

19. JACOBSON J, WERNER S. Why cast shadows are expendable: Insensitivity of human observers and the inherent ambiguity of cast shadows in pictorial art[J]. Perception, 2004, 33:1369-1383.

20. BEHRENS R R. On max Wertheimer and Pablo Picasso: Gestalt theory, cubism and camouflage[J]. Journal of the GTA, 1998, 20(2):109-118.

21. 维基百科. Moon Illusion[OL]. https://en.wikipedia.org/wiki/Moon_illusion.

22. CHAN A B, LIANG Z-S, VASCONCELOS N. Privacy preserving crowd monitoring: counting people without people models or tracking[C]. IEEE Conference on Computer Vision and Pattern Recognition (CVPR), Anchorage, Alaska, USA, 2008.

23. TAN B, ZHANG J, WANG L. Semi-supervised elastic net for pedestrian counting[J]. Pattern Recognition, 2011, 44(10-11):2297-2304.

24. FERDINAND VAN DER HEIJDEN. Image based measurement systems: Object recognition and parameter estimation[M]. New York: Wiley, 1995.

25. ROSERBROCK A. Measuring size of objects in an image with OpenCV[OL].[2016-03-28]. https://www.pyimagesearch.com/2016/03/28/measuring-size-of-objects-in-an-image-with-opencv/.

26. 侯世达. 哥德尔, 艾舍尔, 巴赫: 集异璧之大成 [M]. 严勇, 刘皓明, 莫大伟, 译. 北京: 商务出版社, 1997.

27. SEUNG H S, LEE D D. The manifold way of perception[J]. Science, 2000, 290 (5500): 2268-2269.

28. SEUNG H S. Learning continuous attractors in recurrent networks[C]. Advances in Neural Information Processing Systems 10, Denver, Colorado, USA, 1997.

29. 李子青，张军平. 人脸识别的子空间统计学习. 机器学习及应用 [M]. 北京：清华大学出版社，2006：270-301.

30. TENENBAUM J B, VIN DE SILVA, LANGFORD J C. A global geometric framework for nonlinear dimensionality reduction[J]. Science, 2000, 290 (5500): 2319-2323.

31. ROWEIS S T,SAUL L K. Nonlinear dimensionality reduction by locally linear embedding[J].Science, 2000, 290 (5500): 2323-2326.

32. SPIVAK M. A comprehensive introduction to differential geometry[M].3rd ed. Houston：Publish or Perish Inc, 1999.

33. YANN L C. Predictive learning[C]. Thirtieth Conference on Neural Information Processing Systems, Barcelona, SPAIN, 2016.

34. ACERRA F, BURNOD Y, SCANIA DE SCHONEN. Modeling face recognition learning in early infant development[C]. Proceedings of European Symposium on Artificial Neural Networks. Burges, Belgium, 1999:129-134.

35. SIMION F, GIORGIO D E. Face perception and processing in early infancy: inborn predispositions and developmental changes [J]. Frontiers in Psychology, 2015, 6:969.

36. NAVON D. Forest before trees: The precedence of global features in visual perception[J]. Cognitive Psychology, 1977, 9(3):353-383.

37. 韩世辉，陈霖. 整体性质和局部性质的关系——大范围优先性 [J]. 心理学动态，1996, 4(1):36-41.

38. CHEN L. Topological structure in visual perception[J]. Science, 218(12):699-700, 1982.

39. YANG G Z, HUANG T S. Human face detection in a complex background[J]. Pattern Recognition, 1994, 27(1):53-63.

40. GONZALEZ R C, WOODS R E. Digital image processing[M].3rd ed. 北京：电子工业出版社,2017.

41. LOWE D G. Distinctive image features from scale-invariant keypoints[J]. International Journal of Computer Vision, 2004, 60(2): 91-110.

42. BAY H, TUYTELAARS T, GOOL L V. SURF: Speeded up robust features[C]. 9th European Conference on Computer Vision (ECCV), Graz, Austria, 2006.

43. DENTON E, CHINTALA S, SZLAM A, et al. Deep generative image models using a Laplacian pyramid of adversarial networks (LAPGAN)[C]. Proceedings of the 28th International Conference on Neural Information Processing Systems, Montreal, Canada, 2014.

44. ZHANG J, PU J, CHEN C Y, et al. Low-resolution gait recognition[J]. IEEE Transactions on Systems, Man, and Cybernetics, Part B: Cybernetics, 2010, 40(4): 986-996.

45. HANLON M. A bees-eye view: How insects see flowers very differently to us[OL]. [2007-08-08].https://www.dailymail.co.uk/sciencetech/article-473897/A-bees-eye-view-How-insects-flowers-differently-us.html.

46. DEVLIN H. Operative dentistry: A practical guide to recent innovations[M].New York: Springer, 2006.

47. EFRON B. Bootstrap methods: Another look at the jackknife[J].The Annals of Statistics,1979, 7(1): 1-26.

48. FREUND Y. Boosting a weak learning algorithm by majority[J]. Information and Computation, 1995, 121:256-285.

49. FREUND Y, SCHAPIRE R E. Game theory, on-line prediction and boosting[C]. Proceedings of the Ninth Annual Conference on Computational Learning Theory, Desenzano del Garda, Italy, 1996, 325-332.

50. FREUND Y, SCHAPIRE R E. Experiments with a new boosting algorithm[C]. Proceedings of the Thirteenth International Conference on Machine Learning, Bari, Italy, 1996: 148-156.

51. GOODFELLOW I J, POUGET-ABADIE J, MIRZA M, et al. Generative adversarial nets[C]. Proceedings of the 28th International Conference on Neural Information Processing Systems, Montreal, Canada, 2014.

52. GOODFELLOW I J, SHLENS J, SZEGEDY C. Explaining and harnessing

adversarial examples[OL]. arXiv: 1412.6572. 2015.

53. WHITEHEAD A N. Process and reality: An essay in cosmology. Gifford Lectures Delivered in the University of Edinburgh During the Session 1927—1928[M]. New York: Cambridge University Press, 1929.

54. 黄希庭. 心理学导论 [M]. 北京 : 人民教育出版社 , 2007: 255-259.

55. WILLIAMS R M, YAMPOLSKIY R V. Optical illusions images dataset[OL]. arxiv: 1810.00415, Oct, 2018.

56. TRITSCH N X, YI E, GALE J E,et al. The origin of spontaneous activity in the developing auditory system[J]. Nature, 2007, 450:50-55.

57. EPHRAT A, MOSSERI I, LANG O, et al. Looking to listen at the cocktail party: A speaker-independent audio-visual model for speech separation[J]. ACM Transactions on Graph, 2018, 37(4):112:1-112:11.

58. MCGURK H, MACDONALD J. Hearing lips and seeing voices[J]. Nature, 1976,264(5588): 746-748.

59. KÖRDING K P, BEIERHOLM U, MA W J, et al. Tenenbaum, Ladan Shams. Causal inference in multisensory perception[J]. PLOS, ONE, 2007, 2(9): e943.

60. HOGARTH I W, KIEWNING F.Typerwriter or printer ribbon and method for its manufacture[P]. Patent Number: US5062725A, 5, Nov, 1991.

61. TYMOCZKO D. The geometry of musical chords[J]. Science, 2006, 313(5783):72-74.

62. TYMOCZKO D. A geometry of music: Harmony and counterpoint in the extended common practice[M]. Oxford :Oxford University Press, 2011.

63. CARLSSON G, ISHKHANOV T, VIN DE SILVA, et al. On the local behavior of spaces of natural images[J]. International Journal of Computer Vision, 2008, 76(1):1-12.

64. EDELSBRUNNER H, HARER J. Persistent homology—A survey[C]. Surveys on Discrete and Computational Geometry: Twenty Years Later: AMS-IMS-SIAM Joint Summer Research Conference,Snowbird, Utah. USA, 2006: 257-283.

65. ZHANG J, XIE Z Y, LI S Z. Prime discriminant simplicial complex[J]. IEEE Transactions on Neural Networks and Learning Systems, 2013, 24(1):133-144.

66. 尤瓦尔·赫拉利. 人类简史 [M]. 林俊宏, 译. 北京 : 中信出版社, 2014.

67. 德斯蒙娜·莫利斯. 裸猿三部曲 : 裸猿 [M]. 何道宽, 译. 上海 : 复旦大学出版社, 2010.

68. WENG J, MCCLELLAND J, PENTLAND A,et al. Autonomous mental development by robots and animals[J]. Science, 2001, 291 (5504): 599-600.

69. EHRSSON H H, SPENCE C, PASSINGHAM R E. That's my hand! Activity in the premotor cortex reflects feeling of ownership of a limb[J]. Science, 2004, 305(5685): 875-877.

70. EHRSSON H H, HOLMES N P, PASSINGHAM R E. Touching a rubber hand: feeling of body ownership is associated with activity in multisensory brain areas[J]. Journal of Neuroscience, 2005, 25(45):10564-10573.

71. EHRSSON H H.The experimental induction of out-of-body experiences[J]. Science, 2007, 317(5841):1048.

72. EHRSSON H, ROSÉN B, STOCKSELIUS A, et al. Upper limb amputees can be induced to experience a rubber hand as their own[J]. Brain, 131:3443-3452, 2008.

73. EHRSSON H H. How many arms make a pair? Perceptual illusion of having an additional limb[J]. Perception, 2009, 38: 310-312.

74. SLATER M, PEREZ-MARCOS D, EHRSSON H H, et al. Inducing illusory ownership of a virtual body[J]. Frontiers in Neuroscience, 2009, 3:214-220.

75. KILTENI K, ANDERSSON B J, HOUBORG C, et al. Motor imagery involves predicting the sensory consequences of the imagined movement[J]. Nature Communications, 2018, 9(1):1617.

76. PRESTON C, EHRSSON H H. Implicit and explicit changes in body satisfaction evoked by body size illusions: Implications for eating disorder vulnerability in women[J]. PLoS One, 2018, 13(6):e0199426.

77. RISSANEN J. Modeling by shortest data description[J].Automatica, 1978, 14(5):465-658.

78. JAVARAMAN D, GRAUMAN K. Zero Shot Recognition with Unreliable Attributes[C]. Proceedings of the 28th International Conference on Neural Information Processing Systems, Montreal, Canada, 2014.

79. XIAN Y Q, LAMPERT C H, SCHIELE B, et al. Zero-shot Learning-A comprehensive evaluation of the good, the bad and the ugly[OL]. arxiv: 1707.00600v3 [cs.CV], 2018.

80. LI F-F, ROB F, PIETRO P. One-shot learning of object categories[J]. IEEE Transactions on Pattern Analysis and Machine Intelligence, 2006, 28(4):594-611.

81. PAN S J, YANG Q. A survey on transfer learning[J]. IEEE Transactions on Knowledge and Data Engineering, 2010, 22(10):1345-1359.

82. BEN-DAVID S, BLITZER J, CRAMMER K, et al.A theory of learning from different domains[J].Machine Learning, 2010, 79(1-2):151-175.

83. 西格蒙德·弗洛伊德. 梦的解析 [M] 丹宁，译. 北京：国际文化出版公司,1998.

84. 荣格. 荣格自传：回忆·梦·思考 [M]. 刘国彬，译. 上海：上海三联书店,2009.

85. 维基百科. Sleep [OL]. https://en.wikipedia.org/wiki/Sleep.

86. HOBSON J A. REM sleep and dreaming: Toward a theory of protoconsciousness[J]. Nature Reviews Neuroscience, 2009, 10(11):803-813.

87. HOBSON J A, MCCARLEY R W. The brain as a dream state generator: An activation-synthesis hypothesis of the dream process[J]. The American Journal of Psychiatry, 1977, 134 (12): 1335-1348.

88. HORIKAWA T, TAMAKI M, MIYAWAKI Y, et al. Neural decoding of visual imagery during sleep[J]. Science, 2013, 340(6132): 639-643.

89. OBRINGER L A. How Dreams Work[OL].[2005-01-27]. HowStuffWorks.com. https://science.howstuffworks.com/life/inside-the-mind/human-brain/dream.htm.

90. 希拉里·普特南. 理性、真理与历史 [M] 童世骏，李光程，译. 上海：上海译文出版社，2005.

91. 维基百科. Eureka Effect [OL]. https://en.wikipedia.org/wiki/Eureka_effect.

92. KAHNEMAN D. Thinking, fast and slow[M]. New York：Farrar, Straus and Giroux, 2011.

93. TVERSKY A, KAHNEMAN D. Judgment under uncertainty: Heuristics and biases[J]. Science, 1974 , 185(4157):1124-1131.

94. KAHNEMAN D, TVERSKY A. Prospect theory: An analysis of decision under risk[J].Econometrica, 1979, 47(2): 263-292.

95. MINSKY M. The emotion machine: Commonsense thinking, artificial intelligence, and the future of the human mind[M]. New York: Simon & Schuster, 2006.

96. 徐峰，张军平．人脸微表情识别综述 [J]．自动化学报，2017, 43(3):333-348.

97. TOMÁŠ M,MARTIN K, LUKÁŠ B, et al. Recurrent neural network based language model [C]. NTERSPEECH-2010, Makuhari, Chiba, Japan, 2010: 1045-1048.

98. HOCHREITER S, SCHMIDHUBER J. Long Short-Term Memory[J]. Neural Computation, 1977, 9 (8):1735-1780.

99. SHI X J, CHEN Z, WANG H, et al. Convolutional LSTM network: A machine learning approach for precipitation nowcasting[C]. Proceedings of the 29th Conference on Neural Information Processing Systems, Montreal, Canada,2015.

100. BURNS A, ILIFFE S. Alzheimer's disease[J]. BMJ, 2009, 338:b158.

101. 古斯塔夫·勒庞．乌合之众：大众心理研究 [M]．冯克利，译．北京：中央编译出版社，2005.

102. KENNEDY J,EBERHART R. Particle swarm optimization[C]. Proceedings of the IEEE International Conference on Neural Networks. IV, Perth, Western Australia, 1995: 1942-1948.

103. DORIGO M, MANIEZZO V, COLORNI A. Ant system:Optimization by a colony of cooperating agents. IEEE Transactions on Systems, Man, and Cybernetics, Part B[J].Cybernetics, 1996,6(1): 29-41.

104. KIRKPATRICK S, GELATT C D, VECCHI M P. Optimization by Simulated Annealing[J]. Science, 220 (4598): 671-680, 1983.

105. 维基百科．Genetic Algorithm [OL]. https://en.wikipedia.org/wiki/Genetic_algorithm.

106. BROCKMANN D, SOKOLOV I M. Lévy flights in external force fields: from models to equations[J]. Chemical Physics, 2002, 284 (1-2):409-421.

107. 国务院．新一代人工智能发展规划．2017-07-08.

108. 周志华．机器学习 [M]．北京：清华大学出版社,2016.

109. 拉·梅特里．人是机器 [M]．北京：商务印书局，2011.

110. ZADEH L A. Fuzzy sets[J].Information and Control. 1965, 8(3): 338-353.

111. ZADEH L A. Outline of a new approach to the analysis of complex systems and decision processes[J].IEEE Trans. Systems, Man and Cybernetics, SMC, 1973,

3(1): 28-44.

112. VAPNIK V N. Statistical Learning Theory[J]. Wiley-Interscience,1998.

113. TURING A M. Computing Machinery and Intelligence[J]. Mind , 1950, 49: 433-460.

114. SEARLE J R. Minds, Brains, and Programs[J]. Behavioral and Brain Sciences, 1980, 3(3):417-424.

115. TIKHONOV A N. On the solution of ill-posed problems and the method of regularization, Dokl. Akad[J]. Nauk SSSR, 1963, 151:3, 501-504.

116. 杨雄里 . 当前脑科学的发展态势和战略 [OL]. [2018-02-05]. https://www.sohu.com/a/221020764_465915.

117. EFRON B. Bayes' theorem in the 21st century[J]. Science, 2013, 340(7):1177-1178.

118. DULBECCO R. A turning point in cancer research: sequencing the human genome[J]. Science, 1986, 231(4742): 1055-1056.

119. 皮亚杰 . 结构主义 [M]. 北京 : 商务印书局 , 1984.

120. SCHWARZ G E. Estimating the dimension of a model[J]. Annals of Statistics, 1978, 6 (2): 461-464.

121. AKAIKE H. On entropy maximization principle[C]. Applications of Statistics, Amsterdam, Holland, 1977: 27-41.

122. KOLMOGOROV A. On tables of random numbers[J]. Sankhyā Ser. A. ,1963, 25: 369-375.

123. KOLMOGOROV A. On tables of random numbers[J]. Theoretical Computer Science, 1998, 207 (2): 387-395.

124. WALLACE B. An information measure for classification[J]. Computer Journal, 1968, 11(2): 185-194.

125. BELKIN M, NIYOGI P, SINDHWANI V. Manifold regularization: A geometric framework for learning from labeled and unlabeled examples[J]. The Journal of Machine Learning Research, 2006, 7: 2399-2434.

126. TIBSHIRANI R. Regression shrinkage and selection via the lasso[J]. Journal of the Royal Statistical Society, Series B., 1996, 58 (1): 267-288.

127. VAPNIK V N, CHERVONENKIS A Y. On the uniform convergence of relative frequencies of events to their probabilities[J]. Theory of Probability & Its Applications, 1971, 16 (2):264.

128. HINTON G E, SALAKHUTDINOV R R. Reducing the dimensionality of data with neural networks[J]. Science, 2006, 313 (5786): 504-507.

129. KRIZHEVSKY A, SUTSKEVER I, HINTON G. ImageNet classification with deep convolutional neural networks[C]. Proceedings of the 26th Conference on Neural Information Processing Systems, Harrahs and Harveys, Lake Tahoe, USA, 2012.

130. HE K M, ZHANG X Y, REN S Q, et al. Deep residual learning for image recognition[C]. IEEE Conference on Computer Vision and Pattern Recognition, Las Vegas, USA, 2016.

131. SZEGEDY C, LIU W, JIA Y Q, et al. Going deeper with convolutions[C]. IEEE Conference on Computer Vision and Pattern Recognition, Boston, Massachusetts, USA, 2015.

132. HUANG G, LIU Z, LAURENS VAN DER MAATEN, et al. Weinberger. Densely connected convolutional networks[C]. IEEE Conference on Computer Vision and Pattern Recognition, Honolulu, Hawaii, USA, 2017.

133. 张军平. 童话(同化)世界的人工智能 [J]. 中国工业与应用数学学会通讯, 2018, 4:26-28.

134. 朱松纯. Is vision a classification problem solvable by machine learning? [OL]. http://www.stat.ucla.edu/~sczhu/research_blog.html.

图 片 来 源

前言

图 0.1：作者拍摄

1. 视觉倒像

图 1.1　维基百科：https://en.wikipedia.org/wiki/Human_eye#/media/File:Diagram_of_human_eye_without_labels.svg

图 1.2　维基百科：https://en.wikipedia.org/wiki/File:Inverting_mirrors.jpg 在原图上增加了小孔成像和中文说明

图 1.3　维基百科：https://zh.wikipedia.org/wiki/ 辜鸿铭

图 1.4　https://www.nydailynews.com/news/world/woman-sees-upside-article-1.1297128 或：https://www.dailymail.co.uk/health/article-2293692/The-woman-sees-world-upside-Rare-brain-condition-means-council-worker-sees-wrong-way-up.html

2. 颠倒的视界

图 2.1　http://paradisenewsblog.blogspot.com/2012/04/ilusao-de-otica-cerebro-vs-olhos.html

图 2.2　FREIRE A, LEEÔ K, SYMONS L A. The face-inversion effect as a deficit in the encoding of configural information: direct evidence[J]. Perception, 2000, 29(2):159-170.

图 2.3　作者本人照片

图 2.4　http://brainden.com/jesus-illusions.htm （说明：很多网站都有此图，不清楚源头在哪里）

3. 看不见的萨摩耶

图 3.1　维基百科：https://zh.wikipedia.org/wiki/%E7%9C%BC#/media/File:Schematic_diagram_of_the_human_eye_zh-hans.svg

图 3.2　作者绘制

4. 看得见的斑点狗

图 4.1　https://www.moillusions.com/mysterious-dots-optical-illusion/ 来源说明：Gregory R（1970）"The intelligent eye" McGraw-Hill, New York（Photographer: Ronald C James）；本照片第一次出现的杂志可能是 Life Magazine:58;7 1965-02-19, p120

图 4.2　作者拍摄

图 4.3　（a）维基百科：https://en.wikipedia.org/wiki/Rubin_vase#/media/File:Rubin2.jpg

（b）作者绘制

（c）维基百科：https://en.wikipedia.org/wiki/Rabbit%E2%80%93duck_illusion#/media/File:Kaninchen_und_Ente.svg

图 4.4　桂林九马画山：

（a）维基百科：https://zh.wikipedia.org/wiki/ 九马画山 #/media/File:JiuMaHuaShan.jpg

（b）维基百科：https:// en.wikipedia.org/wiki/'Oumuamua#/media/File:Artist%27s_impression_'Oumuamua.jpg

5. 火星人脸的阴影

图 5.1　维基百科：https://en.wikipedia.org/wiki/Cydonia_（region_of_Mars）#/media/File:Martian_face_viking_cropped.jpg 或 https://science.nasa.gov/science-news/science-at-nasa/2001/ast24may_1

图 5.2　（a）维基百科：https://upload.wikimedia.org/wikipedia/commons/2/2d/Viking_moc_face_20m.gif

（b）https://mars.nesa.gov/resources/7491/highest-resolution-view-of-face-on-mars/?site=insight （c）http://www.esa.int/Our_Activities/Space_Science/Mars_Express/Cydonia_-_the_face_on_Mars

图 5.3　MAMASSIAN P, KNILL D C, KERSTEN D. The perception of cast shadows[J]. Trends in Cognitive Sciences, 1998, 2(8): 287-295.

图 5.4　由 Yotube 视频中截取的 4 帧 https://www.youtube.com/watch?v=WFKB9BxtZUs

图 5.5　（a）PRATI A, MIKIC I, GRANA C, et al. Shadow detection algorithms for traffic flow analysis: A comparative study[C]. Proceeding of the 4th IEEE International Conference on Intelligent Transportation Systems, Oakland, CA, 2001, 8.

（b）维基百科: https://en.wikipedia.org/wiki/Counting_sheep#/media/File: Whitecliffs_Sheep.jpg

图 5.6　MAMASSIAN P, KNILL D C, KERSTEN D. The perception of cast shadows[J]. Trends in Cognitive Sciences, 1998, 2(8): 287-295.

图 5.7　中国国家航天局，http://www.cnsa.gov.cn/n6759533/c6805086/content.html

图 5.8　JACOBSON J, WERNER S. Why cast shadows are expendable: Insensitivity of human observers and the inherent ambiguity of cast shadows in pictorial art[J]. Perception, 2004, 33:1369-1383.

6. 外国的月亮比较圆

图 6.1　维基百科: https://en.wikipedia.org/wiki/Moon_illusion

图 6.2　CHAN A B, LIANG Z-S, VASCONCELOS N. Privacy preserving crowd monitoring: counting people without people models or tracking[C]. IEEE Conference on Computer Vision and Pattern Recognition (CVPR), Anchorage, Alaska, USA, 2008.

图 6.3　ROSERBROCK A. Measuring size of objects in an image with OpenCV[OL].[2016-03-28]. https://www.pyimagesearch.com/2016/03/28/measuring-size-of-objects-in-an-image-with-opencv/.

图 6.4　（a）https://www.mcescher.com/gallery/switzerland-belgium/still-life-and-street/

（b）https://www.mcescher.com/gallery/italian-period/hand-with-reflecting-sphere/

图 6.5　作者拍摄

7. 眼中的黎曼流形与距离错觉

图 7.1　作者绘制

图 7.2　维基百科：https://en.wikipedia.org/wiki/Gestalt_psychology#/media/ File:Invariance.jpg

图 7.3　SEUNG H S, LEE D D. The manifold way of perception[J]. Science, 2000, 290 (5500): 2268-2269.

图 7.4　SEUNG H S. Learning continuous attractors in recurrent networks[C]. Advances in Neural Information Processing Systems 10, Denver, Colorado, USA, 1997.

图 7.5　作者拍摄

图 7.6　李子青，张军平. 人脸识别的子空间统计学习. 机器学习及应用 [M]. 北京：清华大学出版社，2006：270-301.

图 7.7　（a）维基百科：https://en.wikipedia.org/wiki/Swiss_roll#/media/File:RedVelvet. jpg
　　　　（b）作者绘制

图 7.8　TENENBAUM J B, VIN DE SILVA, LANGFORD J C. A global geometric framework for nonlinear dimensionality reduction[J]. Science, 2000, 290 (5500): 2319-2323.

图 7.9　ROWEIS S T,SAUL L K. Nonlinear dimensionality reduction by locally linear embedding[J].Science, 2000, 290 (5500): 2323-2326.

图 7.10　维基百科：https://en.wikipedia.org/wiki/Wormhole#/media/File:Wormhole-demo. png

图 7.11　YANN L C. Predictive learning[C]. Thirtieth Conference on Neural Information Processing Systems, Barcelona, SPAIN, 2016.

8. 由粗到细、大范围优先的视觉

图 8.1　韩世辉, 陈霖. 整体性质和局部性质的关系——大范围优先性 [J]. 心理学动态 , 1996, 4(1):36-41.

图 8.2　YANG G Z, HUANG T S. Human face detection in a complex background[J]. Pattern Recognition, 1994, 27(1): 53-63.

图 8.3　（a）GONZALEZ R C, WOODS R E. Digital image processing[M].3rd ed. 北京：电子工业出版社 ,2017.

（b）LOWE D G. Distinctive image features from scale-invariant keypoints[J]. International Journal of Computer Vision, 2004, 60(2): 91-110.

（c）BAY H, TUYTELAARS T, GOOL L V. SURF: Speeded up robust features[C]. 9th European Conference on Computer Vision (ECCV), Graz, Austria, 2006.

（d）DENTON E, CHINTALA S, SZLAM A, et al. Deep generative image models using a Laplacian pyramid of adversarial networks (LAPGAN)[C]. Proceedings of the 28th International Conference on Neural Information Processing Systems，Montreal, Canada，2014.

图 8.4　（a）http://www.123opticalillusions.com/pages/albert-einstein-marilyn-monroe.php

（b）作者拍摄

图 8.5　维基百科：https://zh.wikipedia.org/wiki/ 煎餅磨坊的舞會

9. 抽象的颜色与高层认知

图 9.1　维基百科：https://zh.wikipedia.org/wiki/File:EM_Spectrum_Properties_edit_zh.svg

图 9.2　维基百科：https://en.wikipedia.org/wiki/Sunlight#/media/File:Solar_spectrum_en.svg

图 9.3　（a）：作者绘制

（b）HANLON M. A bees-eye view: How insects see flowers very differently to us[OL]. [2007-08-08].https://www.dailymail.co.uk/sciencetech/article-473897/A-bees-eye-view-How-insects-flowers-differently-us.html.

图 9.4　维基百科：https://zh.wikipedia.org/wiki/ 加色法 #/media/File:Additive Color.svg

图 9.5　维基百科：https://zh.wikipedia.org/zh-hans 减色法 #/media/File:Subtractive Color.svg

图 9.6　维基百科：https://zh.wikipedia.org/wiki/ 口紅 #/media/File:Lipsticks.jpg

图 9.7　http://m.sohu.com/a/127725217_617877/?pvid=000115_3w_a#read 或者：https://www.reddit.com/r/pics/comments/gin4o/finish_him/http://i.imgur.com/K5eBR.jpg

图 9.8　作者拍摄

图 9.9　维基百科：https://en.wikipedia.org/wiki/Color_blindness#/media/File:Color_blindness.png

10. 自举的视觉与智能

图 10.1　维基百科：https://de.wikipedia.org/wiki/Hieronymus_Carl_Friedrich_von_M%C3%BCnchhausen#/media/File:M%C3%BCnchhausen-Sumpf-Hosemann.png

图 10.2　https://www.writeups.org/tintin/

图 10.3　GONZALEZ R C, WOODS R E. Digital image processing[M].3rd ed. 北京：电子工业出版社, 2017.

图 10.4　GONZALEZ R C, WOODS R E. Digital image processing[M].3rd ed. 北京：电子工业出版社, 2017.

图 10.5　DEVLIN H. Operative dentistry: A practical guide to recent innovations[M].New York: Springer, 2006.

图 10.6　（a）维基百科：https://en.wikipedia.org/wiki/Checker_shadow_illusion
　　　　（b）作者绘制

图 10.7　维基百科：https://zh.wikipedia.org/wiki/ 蓝黑白金裙
　　　　原图来源：Katie Grant. The Dress: Roman Originals co-founder Peter Christodoulou on how viral image left company sitting pretty. The Independent. 2015-10-30.（原始内容存档于 2018-05-21）

图 10.8　https://m.sohu.com/n/481480832/ 或 http://pic.people.com.cn/NMediaFile/2015/0407/MAIN201504071318000221499720492.jpg

图 10.9　GOODFELLOW I J, SHLENS J, SZEGEDY C. Explaining and harnessing adversarial examples[OL]. arXiv: 1412.6572. 2015.

11. 主观时间与运动错觉

图 11.1　（a）维基百科：https://en.wikipedia.org/wiki/File:Einstein_patentoffice.jpg
　　　　（b）维基百科：https://en.wikipedia.org/wiki/File:Albert_Einstein_Head.jpg

图 11.2　http://zx.meilele.com/dengju/article-22978.html

图 11.3　作者拍摄

图 11.4　维基百科：https://en.wikipedia.org/wiki/Spinning_Dancer https://upload.wikimedia.

org/wikipedia/commons/3/34/Spinning_Dancer_-_Frames.png

图 11.5 维基百科 : https://en.wikipedia.org/wiki/Illusory_motion

左上 https://en.wikipedia.org/wiki/File:Anomalous_motion_illusion1.svg

右上 https://en.wikipedia.org/wiki/File:Kofe_illuziya3.svg

左下 https://en.wikipedia.org/wiki/File:Motion_illusion_in_star_arrangement.png

右下 https://en.wikipedia.org/wiki/File:Peripheral_drift_illusion_rotating_snakes.
svg

图 11.6 GONZALEZ R C, WOODS R E. Digital image processing[M].3rd ed. 北京 : 电子工业出版社 ,2017.

图 11.7 GONZALEZ R C, WOODS R E. Digital image processing[M].3rd ed. 北京 : 电子工业出版社 ,2017.

12. 听觉错觉与语音、歌唱的智能分析

图 12.1 https://kknews.cc/zh-sg/culture/5ok9xbk.html

图 12.2 维基百科 : https://en.wikipedia.org/wiki/Auditory_system#/media/File:Anatomy_
of_the_Human_Ear.svg

图 12.3 EPHRAT A, MOSSERI I, LANG O, et al. Looking to listen at the cocktail party: A speaker-independent audio-visual model for speech separation[J]. ACM Transactions on Graph, 2018, 37(4):112:1-112:11.

13. 视听错觉与无限音阶中的拓扑

图 13.1 KÖRDING K P, BEIERHOLM U, MA W J, et al. Tenenbaum, Ladan Shams. Causal inference in multisensory perception[J]. PLOS, ONE, 2007, 2(9): e943.

图 13.2 作者绘制

图 13.3 （a）https://www.mcescher.com/gallery/recognition-success/waterfall/

（b）https://www.mcescher.com/gallery/recognition-success/ascending-and-descending/

（c）https://www.mcescher.com/gallery/back-in-holland/reptiles/

图 13.4 维基百科 : 北卡罗林那历史博物馆展出的，1938 年理发店的灯箱 https://
en.wikipedia.org/wiki/Barber%27s_pole#/media/File:Barberspole.jpg

莫比乌斯的打印机色带设计 https://patentimages.storage.googleapis.com/48/0d/

a9/170fcc9360334e/US5062725.pdf

图 13.5（a）作者绘制

（b）TYMOCZKO D. The geometry of musical chords[J]. Science, 2006, 313(5783):72-74.

（c）https://www.mcescher.com/gallery/recognition-success/mobius-strip-ii/

图 13.6（a）维基百科：https://en.wikipedia.org/wiki/File:Klein_bottle.svg

（b）CARLSSON G, ISHKHANOV T, VIN DE SILVA, et al. On the local behavior of spaces of natural images[J]. International Journal of Computer Vision, 2008, 76(1): 1-12.

（c）维基百科：https://en.wikipedia.org/wiki/File:Acme_klein_bottle.jpg

图 13.7 维基百科：https://upload.wikimedia.org/wikipedia/commons/c/c6/Simple_Torus. svg

图 13.8 作者绘制

图 13.9 Youtube 的 Topology Joke 截图：https://www.youtube.com/watch?v=9NlqYr6-TpA

14. 我思故我在

图 14.1 EHRSSON H H, HOLMES N P, PASSINGHAM R E. Touching a rubber hand: feeling of body ownership is associated with activity in multisensory brain areas[J]. Journal of Neuroscience, 2005, 25(45): 10564-10573.

图 14.2 EHRSSON H H.The experimental induction of out-of-body experiences[J]. Science, 2007, 317(5841): 1048.

15. 可塑与多义

图 15.1 作者绘制

图 15.2 作者绘制

图 15.3 维基百科：https://zh.wikipedia.org/wiki/ 音乐的奉献

16. 庄周梦蝶与梦境学习

图 16.1 作者绘制

图 16.2 维基百科：https://zh.wikipedia.org/wiki/ 庄周梦蝶 #/media/File:Dschuang-Dsi-

Schmetterlingstraum-Zhuangzi-Butterfly-Dream.jpg

图 16.3 维基百科：https://en.wikipedia.org/wiki/Brain_in_a_vat#/media/File:Braininvat.jpg

17. 灵光一闪与认知错觉

图 17.1 维基百科：https://en.wikipedia.org/wiki/Eureka_effect

18. 情感与回忆错觉

图 18.1 维基百科：https://zh.wikipedia.org/wiki/ 罗纳德·里根 #/media/File:President_Reagan_1985_（cropped）.jpg

图 18.2 维 基 百 科：https://zh.wikipedia.org/wiki/%E9%AB%98%E9%8C%95#/media/File:Charles_K._Kao_cropped_2.jpg

图 18.3 维基百科：https://en.wikipedia.org/wiki/Senile_plaques#/media/File:Cerebral_amyloid_angiopathy_-2a-_amyloid_beta_-_high_mag.jpg

19. 群体的情感共鸣：AI 写歌，抓不住回忆

图 19.1 作者拍摄

20. 群体智能与错觉

图 20.1 维基百科：https://en.wikipedia.org/wiki/Swarm_behaviour#/media/File:Auklet_flock_Shumagins_1986.jpg

图 20.2 维 基 百 科：https://en.wikipedia.org/wiki/Army_ant#/media/File:Flickr_-_ggallice_-_Spoils_of_the_raid.jpg

图 20.3 维 基 百 科：https://www.kvue.com/article/news/local/hang-out-with-austin-bats-saturday-at-2018-bat-fest/269-584369910

图 20.4 作者拍摄

图 20.5 https://i0.wp.com/factrepublic.com/wp-content/uploads/2017/09/8.Ant-mill.jpg

图 20.6 https://www.facebook.com/434161403310419/photos/a.730640946995795/972004492859438/?type=3&theater

图 20.7 维 基 百 科：https://en.wikipedia.org/wiki/L%C3%A9vy_flight#/media/File:Brownian-Motion.svg

图 20.8 维 基 百 科: Levy flight: https://en.wikipedia.org/wiki/L%C3%A9vy_flight#/media/File:LevyFlight.svg

图 20.9（a）维 基 百 科: https://en.wikipedia.org/wiki/Dardanus_pedunculatus#/media/File:Dardanus_pedunculatus_(Hermit_crab).jpg

（b）维 基 百 科: https://en.wikipedia.org/wiki/Remora#/media/File:Nurse_shark_with_remoras.jpg

图 20.10 作者绘制

21. 平衡：机器 vs 智能

图 21.1 维 基 百 科: https://en.wikipedia.org/wiki/Lotfi_A._Zadeh#/media/File:Zadeh,_L.A._2005.jpg

图 21.2 维基百科: https://en.wikipedia.org/wiki/Pyramid#/media/File:01_khafre_north.jpg

图 21.3 维基百科: https://en.wikipedia.org/wiki/Turing_test#/media/File:Turing_test_diagram.png

图 21.4 http://hasansthoughts.blogspot.com/2011/10/john-searle-and-chinese-room-test.html

图 21.5 维基百科: https://en.wikipedia.org/wiki/Schrödinger%27s_cat#/media/File:Schrodingers_cat.svg

附录一

附图 1 http://scott.fortmann-roe.com/docs/BiasVariance.html

附录二

附图 2 朱松纯. Is vision a classification problem solvable by machine learning? [OL]. http://www.stat.ucla.edu/~sczhu/research_blog.html.

图片版权声明

因为时间、精力和网络条件所限制，我们无法核实部分图片内容的真实性，也无法逐一联系图片的著作权人或代理人。如有对这些图片主张版权者，请持所据，联系清华大学出版社版权部或本书的责任编辑，我们将按惯例给付图片使用稿酬。

联系电话：010-62770175 转 4119，胡老师，邮箱 418193990@qq.com。

因为网络图片质量差别极大，为保证能准确地反映所述的内容，出版方对部分图片做了必要的技术处理，特此一并说明并致谢。

本书责编
2019 年 7 月